微分積分学入門

群馬大学理工学部基盤部門

植松盛夫
黒田　覚
渡辺秀司
渡辺雅之

共著

学術図書出版社

まえがき

現代の社会を支えている基盤の１つが理工学や医学看護学であり, 理工学や医学看護学を支えている基盤が物理学, 化学, 生物学などの自然科学です. そしてこの自然科学を支えている基盤が微分積分学や線形代数学などの数学です. したがって数学は現代の社会を支えている基盤中の基盤ですので, 最も重要な基盤と言えます. これが, 理工系学部や医学看護学系学部の主に大学初年次において微分積分学や線形代数学などの数学を学ぶ理由の１つになっています.

そこで, 本書を理工系学部や医学看護学系学部の読者が微分積分学を学ぶための教科書として作成しました. また自習用の教材としても使えるように配慮しました.

本書では, 定理の厳密な証明には重点を置かずに, 例や例題を多く載せることによって定理の意味を理解しやすくすることに重点を置いています. 勉強用ノートで実際に手を動かして, 実際に例や例題において示された計算を自ら行うことによって, それらの解き方や考え方を学ばれ, ひいては定理の意味を理解されることをお勧めします. 授業時間の制約のため定理の証明は授業では省略されることがありますが, その証明を理解したいと考える読者は平易な証明を本書には載せていますので, それらを参照してください.

本書が, 読者の微分積分学の理解のための一助になれば幸いです. 本書の執筆を勧めて下さり, また原稿の遅れを辛抱強く待ってくださった学術図書出版社の高橋秀治氏に心からお礼申し上げます. さらに高橋氏には, 原稿の図の作成や校正等でもお世話になりました.

2023 年 1 月

著　者

目　次

1

準備

この章では微分法および積分法を扱うための数学的知識の基礎および道具立てを導入する.

1.1 集合

数学では数などの集まりを集合として扱う. 集合に関する概念と記法は数学の基本なので, まずそれらについての基本的な部分を説明する.

ある対象の集まりを**集合** (set) という. 集合に含まれる「もの」をその集合の**要素** (element), または元という. あるもの a が集合 A の要素であることを

$$a \in A$$

で表す. また a が A の要素でないことを

$$a \notin A$$

で表す.

ある集合の要素を規定する方法には 2 通りのものがある. ある条件 $P(x)$ をみたすもの全体の集合を

$$\{x \ : \ P(x)\}$$

で表す. これを内包的定義 (internal definition) という. 例えば

$$A = \{x \ : \ x \text{ は 10 以下の奇数}\}, \quad B = \{x \ : \ x \text{ は偶数}\}$$

は集合である. またこれらを

$$A = \{1, 3, 5, 7, 9\}, \quad B = \{2, 4, 6, \ldots\}$$

のように集合に含まれる要素をすべて並べて書くこともあり, これを外延的定義 (external definition) という.

集合として 1 つも要素を含まないものを考えることもあるが, これを**空集合** (empty set) といい $\emptyset$, もしくは $\{\}$ で表す. 例えば

$$\{x \ : \ x < 2 \text{ かつ } x > 3\} = \emptyset$$

である.

集合 A と B について A の要素がすべて B の要素でもあるとき A は B の部分集合 (subset) であるといい,

$$A \subseteqq B$$

で表す. $A \subseteqq B$ であり $B \nsubseteqq A$ であるとき

$$A \subsetneqq B$$

と表す. $A \subseteqq B$ かつ $B \subseteqq A$ であるとき

$$A = B$$

とかく.

> **例題 1.1**　以下の集合の組について, 部分集合の関係が成立するかどうかを確かめよ.
> (1)　$A = \{x\ :\ x$ は 3 の倍数$\}$,　$B = \{x\ :\ x$ は 6 の倍数$\}$.
> (2)　$A = \{x\ :\ x^2 + x - 2 \leqq 0\}$,　$B = \{x\ :\ x^2 - x - 12 < 0\}$.

解答　(1)　$x \in B$ とすると x は 6 の倍数であり, したがって 3 の倍数なので $x \in A$ である.
これがすべての x について成り立つので $B \subseteqq A$ である.

(2)

$$A = \{x\ :\ -2 \leqq x \leqq 1\}, \quad B = \{x\ :\ -3 < x < 4\}$$

より $A \subseteqq B$ である. ∎

すでに得られた集合から新たな集合を作り出すために, 集合上の基本的な演算を定義する. 集合 A, B のどちらにも含まれる要素で構成される集合をそれらの共通部分 (intersection) といい $A \cap B$ で表す. また A または B のどちらかに含まれる要素で構成される集合をそれらの和集合 (union) といい $A \cup B$ で表す. すなわち

$$x \in A \cap B \Leftrightarrow x \in A \text{ かつ } x \in B$$

$$x \in A \cup B \Leftrightarrow x \in A \text{ または } x \in B$$

ここで, $P \Leftrightarrow Q$ は P であることは Q であることの必要十分条件であることを表すものとする.

> **例題 1.2**　次の集合の組について共通部分の要素をすべて書きだせ.
> (1)　$A = \{x\ :\ x$ は素数$\}$,　$B = \{x\ :\ x < 100$ かつ, ある n に対して $x = 2^n - 1\}$.
> (2)　$A = \{x\ :\ x^2 - 3x - 10 < 0\}$,　$B = \{x\ :\ x^2 + x - 6 < 0\}$. ただし, A, B はともに整数の部分集合とする.

解答　(1)　$A \cap B$ は $2 \leqq x < 100$ かつ $x = 2^n - 1$ の形の素数の集合だから,

$$A \cap B = \{3, 7, 31\}$$

(2)

$$A = \{-1, 0, 1, 2, 3, 4\}, \quad B = \{-2, -1, 0, 1\}$$

だから $A \cap B = \{-1, 0, 1\}$. ∎

集合を考えるときは，その要素として想定されるもの全体の集合を規定しておく必要がある．これを一般に U で表すときすべての集合はその部分集合になっている．このような場合，集合の要素が U の中に含まれることを示すために

$$A = \{x \in U \ : \ P(x)\}$$

のように表す．集合 A に含まれない U の要素全体の集合をその補集合 (complement) といい A^c, もしくは $U \setminus A$ で表す．

例 1.1　U を実数全体の集合とし，A を有理数全体の集合とするとき A^c は無理数全体の集合である．

これらの集合演算について以下の性質が成り立つ．

定理 1.1 (De Morgan の定理)　集合 A, B について

$$(A \cap B)^c = A^c \cup B^c$$

および

$$(A \cup B)^c = A^c \cap B^c$$

が成り立つ．

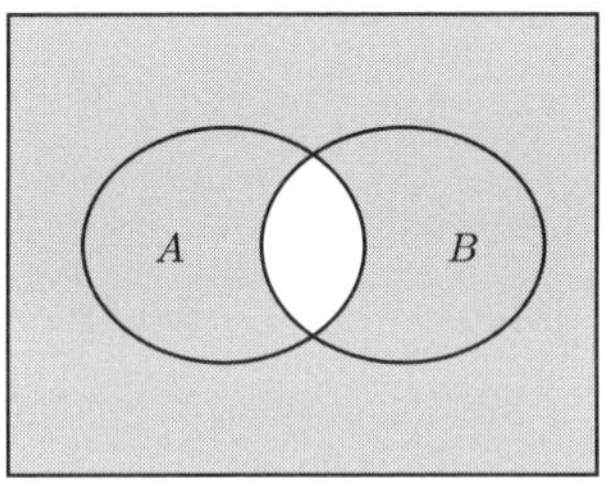

図 1.1　$(A \cap B)^c$

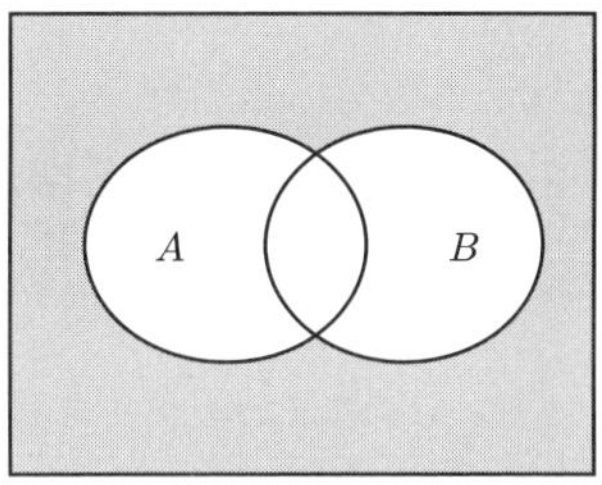

図 1.2　$(A \cup B)^c$

2 種類以上の要素の組を扱うときには，集合の積を考えると便利なことが多い．集合 A, B に対して，その直積 (direct product) $A \times B$ はそれらの要素の組で構成される集合とする．すなわち

$$A \times B = \{(a, b) : a \in A \text{ かつ } b \in B\}.$$

例 1.2　$A = \{0, 1\}$, $B = \{0, 2, 4\}$ とするとき

$$A \times B = \{(0,0), (0,2), (0,4), (1,0), (1,2), (1,4)\}$$

である．

例題 1.3　自然数の部分集合 A と B について A を 5 以下の偶数の集合，B を 10 以下の 3 の倍数の集合とするとき，$A \times B$ の要素をすべて書きだせ．

解答

$$A=\{2,4\}, \quad B=\{3,6,9\}$$

だから

$$A\times B=\{(2,3),(2,6),(2,9),(4,3),(4,6),(4,9)\}.$$

∎

以下では主に自然数全体の集合 $\mathbb{N}$, 有理数全体の集合 $\mathbb{Q}$, および実数全体の集合 $\mathbb{R}$ とそれらの部分集合を扱う.

1.1.1　関数

微分積分学で取り扱うのは，実数上の関数である.

まず，関数とはなんだったかを思い出してみよう．A と B を集合とするとき，A の各要素 a に対して B のある要素を対応させる規則を A から B への写像 (mapping) という．A から B への写像を一般に $f:A\to B$ のように表す．また $a\in A$ に対して f が対応させる B の要素を $f(a)$ で表す．ここで $a\in A$ は a が A の要素であることを表す.

定義 1.1　写像 $f:A\to B$ が任意の $a,b\in A$ に対して $f(a)=f(b)$ ならば $a=b$ が成り立つとき，単射 (injection) であるという．また任意の $b\in B$ に対して $f(a)=b$ となる $a\in A$ が存在するとき全射 (surjection) であるという．f が全射かつ単射であるとき全単射 (bijection) であるという.

以下では値域が実数全体の集合 $\mathbb{R}$ に含まれるような写像 $f:A\to\mathbb{R}$ を考える．特に A が $\mathbb{R}$（の部分集合）であるとき f を実数上の**関数** (function) という.

定義 1.2　関数 $f:A\to\mathbb{R}$ に対して，A を f の定義域 (domain) といい $\mathrm{dom}(f)$ で表す．また $a\in A$ に対して $b=f(a)$ となるような $b\in B$ の全体を f の値域 (range) といい $f(A)$ で表す．集合の記号を用いると

$$f(A)=\{f(a):a\in A\}$$

と表される.

定義 1.3　関数 $f:A\to B$ と $g:B\to C$ について，

$$g\circ f:A\to C \quad g\circ f(x)=g(f(x))$$

で定義される関数を f と g の合成関数 (composition function) という.

例 1.3　実数上の関数 $f:\mathbb{R}\to\mathbb{R}$, $f(x)=2x+1$ は全単射である．実数上の関数 $f:\mathbb{R}\to\mathbb{R}$, $f(x)=x^2-3x+2$ は全射でも単射でもない．実数上の関数 $f:\mathbb{R}\to\mathbb{R}$, $f(x)=2^x$ は単射であるが全射ではない．ただし f を $\mathbb{R}$ から $\mathbb{R}^+=\{x\in\mathbb{R}:x>0\}$ への関数とすると全単射となる.

実数 a, b に対して $a < b$ とするとき

$$[a,b] = \{x \in \mathbb{R} : a \leqq x \leqq b\}$$

を**閉区間** (closed interval) といい,

$$(a,b) = \{x \in \mathbb{R} : a < x < b\}$$

を**開区間** (open interval) という．また

$$(a,b] = \{x \in \mathbb{R} : a < x \leqq b\}$$

や

$$[a,b) = \{x \in \mathbb{R} : a \leqq x < b\}$$

のような区間を考えることもある．関数が実数全体で定義されるものであっても，ある区間に限定して考えることも多い．

例 1.4 区間 $[-1,1]$ の実数 x に対して，$x^2 + y^2 = 1$ を満たす y を与える対応を考えると，これは関数ではない．ここで $x^2 + y^2 = 1$ かつ $y \geqq 0$ となる実数 y を与えるように変形すると，これは関数になる，このようにして定義される関数を**陰関数**という．

以下で扱う関数は主に有理関数や三角関数などの初等関数で表されるものであるが，関数は必ずしもそのような式で表されるわけではない．例えば

$$f(x) = \int_0^x e^{t^2}\,dt$$

は関数であるが初等関数では表すことができない．

定義 1.4 区間 I で定義された関数 $f(x)$ が単調増加 (monotone increasing) であるとは，

任意の $a, b \in I$ に対して $a < b$ ならば $f(a) \leqq f(b)$ である

ことをいう．また $f(x)$ が単調減少 (monotone decreasing) であるとは，

任意の $a, b \in I$ に対して $a < b$ ならば $f(a) \geqq f(b)$ である

ことをいう．

例 1.5 $f(x) = x^2$ は $x \geqq 0$ において単調増加である．定数 a に対して $f(x) = a$ も単調増加である．$f(x) = x + 1$ は単調増加である．

例題 1.4 以下の関数の定義域と値域を調べ，それが単調増加あるいは単調減少であるかどうかを述べよ．

(1) $y = \sqrt{x}$ (2) $y = \sin x$ (3) $y = e^x$

解答 (1) $y = \sqrt{x}$ の定義域は $x \geqq 0$，値域は $y \geqq 0$ で，$x \leqq x'$ のとき $\sqrt{x} \leqq \sqrt{x'}$ だから単調増加である．

(2)　$y=\sin x$ の定義域は $\mathbb{R}$，値域は $-1 \leqq y \leqq 1$ で，$\sin\dfrac{\pi}{2} > \sin\pi$ だから単調増加ではない．
　また $\sin 0 < \sin\dfrac{\pi}{2}$ だから単調減少でもない．

(3)　$y=e^x$ の定義域は $\mathbb{R}$，値域は $y>0$ で，$x \leqq x'$ のとき $e^x \leqq e^{x'}$ だから単調増加である．■

関数 $y=f(x)$ がその定義域において単射であるとき，

$$y=f^{-1}(x) \Leftrightarrow x=f(y)$$

によって定義される関数 f^{-1} を f の逆関数 (inverse function) という．

例題 1.5　関数 $y=f(x)$ が区間 I の任意の x, x' について $x<x'$ ならば $f(x)<f(x')$（あるいは $f(x)>f(x')$）であるとき，その逆関数 $f^{-1}: f(I) \to I$ が存在することを示せ．

解答　$x, x' \in I$ について $f(x)=f(x')$ とおけば $x=x'$ となる．なぜならば，仮定より $x<x'$ であれば $f(x)<f(x')$ となるので矛盾．また，$x>x'$ のときも同様．したがって，逆関数 f^{-1} が存在する．■

1.2　実数の性質

数は自然数，整数，有理数，無理数などにわけられる．微積分学では実数上で定義された関数を扱うが，実数とは直観的には数直線上に乗っている数のことである．また，実数とは一般には無限に続く小数と考えることもできる．ここではこの実数についての基本的な性質について考えてみる．

実数は上に述べたように数直線上に乗っている数であるが，数直線は切れ目なく続いている．つまり実数と実数の間には隙間がないということになる．これを実数の連続性という．この連続性をもう少し厳密に述べるには，Dedekind 切断と呼ばれる以下の説明が便利である．

数直線上の数を2つの集合 A, B に分割して A のすべての要素は B のすべての要素よりも小さいようにする．このような数の分割を Dedekind 切断と呼ぶ．たとえば数直線上のある数 a に対して，それより小さい数を A に，大きい数を B に入れることにする．このとき a を A と B のどちらかに入れることによって，それが切断になる．このように数直線上の任意の点は切断を1つ定めるが，切断が1つ与えられるとその境界となる点として実数を定めることもできる．すなわち

定理 1.2　任意の数直線の Dedekind 切断に対して，その境界となる値は実数となる．

これを実数の連続性という．

また実数には Archimedes の原理と呼ばれる次のような性質もある．

定理 1.3　任意の実数 $x>0$ に対して $nx>1$ となるような自然数 n が存在する．

つまりどんな（小さな）正の実数も何倍かすると必ず1を超えるということである．

実数に関するこれらの主張は直感的には明白なものなので，それらをイメージすることは容易である．厳密な取り扱いについてはこれ以降，ほとんど問題になることはないので，その主張が理解できればそれで充分である．

1.3 初等関数とグラフ

高校までに多項式，有理関数，無理関数，指数対数関数，三角関数などの関数について学習した．これらはいずれも実数上で定義された関数である．

多項式 $f(x)$, $g(x)$ に対して，$\dfrac{f(x)}{g(x)}$ で表される関数を有理関数 (quotient function) という．

1.3.1 三角関数

高校で習った関数として，三角関数 (trigonometric function) について考えてみよう．

> **定義 1.5** 単位円において，孤の長さが 1 となる扇型の中心角を 1 ラジアン (radian) という．単位円の円周の長さは 2π であるから，2π ラジアン$= 360°$ である．したがって，$1° = \dfrac{\pi}{180}$ ラジアンである．

三角関数は三角比を任意の実数で値を取るように一般化したものであった．

いま原点を中心とする半径 r の円 C と x 軸の正の方向との共有点を出発点として反時計回りに回転する動径 L を考える．L が角度 θ だけ進んだときの C との交点を (x, y) とするとき，θ の関数 $\sin\theta$, $\cos\theta$, $\tan\theta$ を以下で定義する．

$$\sin\theta = \frac{y}{\sqrt{x^2+y^2}}, \quad \cos\theta = \frac{x}{\sqrt{x^2+y^2}}, \quad \tan\theta = \frac{y}{x}.$$

ただし，$r = \sqrt{x^2+y^2}$ であり，また $\theta = \dfrac{\pi}{2} + n\pi$ (n : 整数) では $\tan\theta$ は定義されない．

三角関数のもっとも基本的な性質に以下のものがある．

三角関数の基本的性質 1

$$\sin^2 x + \cos^2 x = 1, \quad \tan x = \frac{\sin x}{\cos x}$$

三角関数の基本的性質 2（加法定理 (addition theorem)）

$$\begin{aligned}
\sin(x \pm y) &= \sin x \cos y \pm \cos x \sin y && (\text{複号同順}) \\
\cos(x \pm y) &= \cos x \cos y \mp \sin x \sin y && (\text{複号同順}) \\
\tan(x \pm y) &= \frac{\tan x \pm \tan y}{1 \mp \tan x \tan y} && (\text{複号同順})
\end{aligned}$$

倍角公式，半角公式，和積の公式，積和の公式など，他の公式はこれらの式から簡単に得られる．

三角関数の基本的性質 3（倍角公式 (double angle formula)）

$$\begin{aligned}
\sin(2x) &= 2\sin x \cos x \\
\cos(2x) &= \cos^2 x - \sin^2 x = 2\cos^2 x - 1 = 1 - 2\sin^2 x \\
\tan(2x) &= \frac{2\tan x}{1 - \tan^2 x}
\end{aligned}$$

例題 1.6　以下の半角公式を証明せよ．

$$\sin^2\frac{x}{2}=\frac{1-\cos x}{2},\quad \cos^2\frac{x}{2}=\frac{1+\cos x}{2}$$

解答　倍角公式により，

$$\cos 2\cdot\frac{x}{2}=1-2\sin^2\frac{x}{2}$$

より

$$\sin^2\frac{x}{2}=\frac{1-\cos x}{2}$$

を得る．これから

$$\cos^2\frac{x}{2}=1-\sin^2\frac{x}{2}=\frac{1+\cos x}{2}.$$

■

例題 1.7　次の値を求めよ．

(1)　$\sin\frac{7\pi}{6}$　(2)　$\cos\frac{7\pi}{12}$　(3)　$\sin\frac{\pi}{12}$

解答　(1)

$$\sin\frac{7\pi}{6}=\sin\left(\frac{\pi}{6}+\pi\right)=-\sin\frac{\pi}{6}=-\frac{1}{2}.$$

(2)　$\cos\frac{7\pi}{12}<0$ に注意すると，(1) と半角公式より

$$\cos\frac{7\pi}{12}=-\sqrt{\frac{1+\cos\frac{7\pi}{6}}{2}}=-\frac{\sqrt{2-\sqrt{3}}}{2}.$$

(3)　半角公式より

$$\sin\frac{\pi}{12}=\sqrt{\frac{1-\cos\frac{\pi}{6}}{2}}=\frac{\sqrt{2-\sqrt{3}}}{2}.$$

■

次の式変形も三角関数の基本的な性質から得られるが，三角関数の操作においてはよく使われるので使えるようにしておくとよい．

三角関数の合成

$$a\sin x+b\cos x=\sqrt{a^2+b^2}\sin(x+\alpha)$$

ここで，α は

$$\cos\alpha=\frac{a}{\sqrt{a^2+b^2}}\quad \sin\alpha=\frac{b}{\sqrt{a^2+b^2}}$$

を満たす角である．

例 1.6　$\sin x+2\cos x$ を三角関数の合成を行う．合成の式より

$$\sin x+2\cos x=\sqrt{1^2+2^2}\sin(x+\alpha)=\sqrt{5}\sin(x+\alpha)$$

ここで α は

$$\cos\alpha = \frac{1}{\sqrt{5}}, \quad \sin\alpha = \frac{2}{\sqrt{5}}$$

を満たす．

例題 1.8 次の式を三角関数の合成を用いて変形せよ．
(1) $\sin x - \cos x$ (2) $\sqrt{3}\sin x + \cos x$

解答 (1) 例 1.6 と同様にして，

$$\sin x - \cos x = \sqrt{1^2 + (-1)^2}\sin(x+\alpha) = \sqrt{2}\sin(x+\alpha)$$

ここで α は

$$\cos\alpha = \frac{1}{\sqrt{2}}, \quad \sin\alpha = -\frac{1}{\sqrt{2}}$$

を満たすので，$\alpha = -\dfrac{\pi}{4}$ をとれば

$$\sin x - \cos x = \sqrt{2}\sin\left(x - \frac{\pi}{4}\right)$$

である．

(2) (1) と同様に

$$\sqrt{3}\sin x + \cos x = \sqrt{(\sqrt{3})^2 + (-1)^2}\sin(x+\alpha) = 2\sin(x+\alpha)$$

ここで α は

$$\cos\alpha = \frac{\sqrt{3}}{2}, \quad \sin\alpha = \frac{1}{2}$$

を満たすので，$\alpha = \dfrac{\pi}{6}$ をとれば

$$\sqrt{3}\sin x + \cos x = \sqrt{2}\sin\left(x + \frac{\pi}{6}\right)$$

である． ∎

1.3.2 指数関数, 対数関数

実数 $a > 0$, $a \neq 1$ に対して，$y = a^x$ を指数関数 (exponential function) という．指数関数は単射である．また指数関数は $a > 1$ のとき単調増加関数，$a < 1$ のとき単調減少関数である．指数関数については以下の性質が成り立つ．

命題 1.1 実数 a, b は $a > 0, a \neq 1, b > 0, b \neq 1$ を満たす．このとき, 任意の実数 x, y について，以下が成り立つ．

(1)　$a^0 = 1,$

(2)　$a^{-x} = \dfrac{1}{a^x},$

(3)　$a^x a^y = a^{x+y},$

(4)　$(a^x)^y = a^{xy},$

(5)　$(ab)^x = a^x b^x.$

実数 $a > 0, a \neq 1$ に対して,

$$y = \log_a x \Leftrightarrow x = a^y$$

は，指数関数が単射であることから関数となる．これを対数関数 (logarithmic function) という．対数関数は指数関数の x と y の役割を入れ替えて得られる関数である．このとき対数関数は指数関数の逆関数である．

例 1.7　関数 $y = 3x + 2$ の逆関数は $y = \dfrac{1}{3}(x-2)$ である．関数 $y = x^2$ の逆関数は存在しないが，$x \geqq 0$ に定義域を限定すれば，その逆関数は存在し $y = \sqrt{x}$ になる．

1.3.3　逆三角関数

指数関数, 対数関数では自然に逆関数が定義されたが，では三角関数について逆関数が定義できるかどうかを考えてみよう．例えば $y = \sin x$ の定義域は実数全体 $\mathbb{R}$ であるが，任意の $x \in \mathbb{R}$ と自然数 $n \in \mathbb{N}$ に対して

$$\sin x = \sin(x + 2n\pi)$$

であるので，単射ではない．そこで関数が単射になる連続な範囲を適当に定めて，その範囲で逆関数を定義することにする．このような方法は無数に存在しうるが，関数が $x = 0$ で定義されるようにすると都合がよいことが多いので,

$$y = \sin x, \quad -\frac{\pi}{2} \leqq x \leqq \frac{\pi}{2}$$

とすれば, この区間について関数は単射になっており，関数の値域は $[-1, 1]$ である．そこで $y = \sin x$ の逆関数を

$$y = \sin^{-1} x \Leftrightarrow x = \sin y \text{　かつ　} -\frac{\pi}{2} \leqq y \leqq \frac{\pi}{2}$$

で定義することにする．この関数 $\sin^{-1} x$ を逆正弦関数という．逆正弦関数は $\mathrm{Sin}^{-1} x$, $\arcsin x$, $\mathrm{Arcsin} x$ などで表されることもある．

例 1.8　$\sin^{-1} \dfrac{1}{\sqrt{2}}$ の値を求めよう．$\theta = \sin^{-1} \dfrac{1}{\sqrt{2}}$ とおくと,

$$\sin \theta = \frac{1}{\sqrt{2}} \text{　かつ　} -\frac{\pi}{2} \leqq \theta \leqq \frac{\pi}{2}$$

だから $\theta = \dfrac{\pi}{4}$ である．

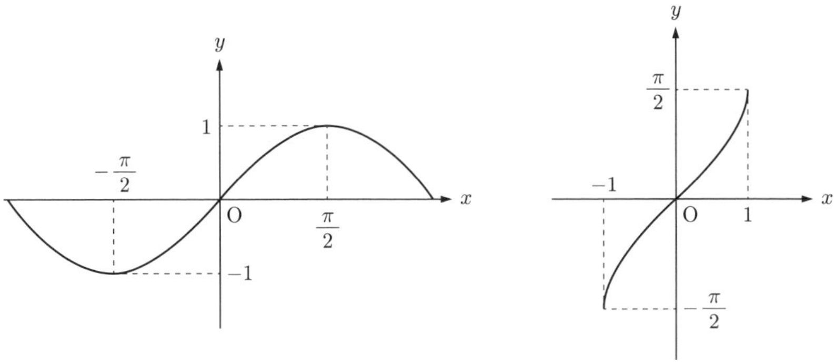

図 1.3　$\sin x$ と $\sin^{-1} x$ のグラフ

> **例題 1.9**　次の値を求めよ．
>
> (1)　$\sin^{-1}\dfrac{1}{2}$　　(2)　$\sin^{-1}\left(-\dfrac{1}{\sqrt{2}}\right)$

解答　例 1.8 と同様に，

(1)　$\sin^{-1}\dfrac{1}{2}=\dfrac{\pi}{6}$　　(2)　$\sin^{-1}\left(-\dfrac{1}{\sqrt{2}}\right)=-\dfrac{\pi}{4}$　■

他の三角関数についても同様に逆関数を定義してみよう．$y=\cos x$ についても $\sin x$ の場合と同様に単射となるような定義域を定める．今度も $x=0$ を定義域に含むようにするには，

$$y=\cos x,\quad 0\leqq x\leqq\pi$$

とすればよく，関数の値域は $[-1,1]$ である．そこで $y=\cos x$ の逆関数を

$$y=\cos^{-1}x\Leftrightarrow x=\cos y\ \text{かつ}\ 0\leqq y\leqq\pi$$

で定義することにする．この関数 $\cos^{-1}x$ を逆余弦関数という．逆余弦関数は $\mathrm{Cos}^{-1}x$, $\arccos x$, $\mathrm{Arccos}x$ などで表されることもある．

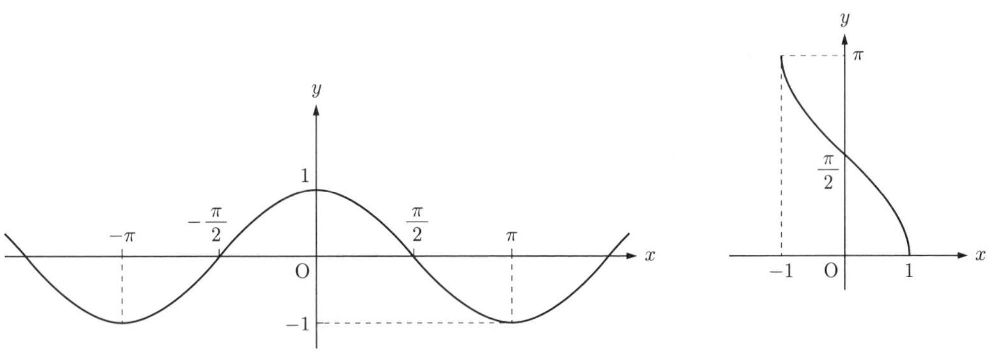

図 1.4　$\cos x$ と $\cos^{-1} x$ のグラフ

例 1.9　$\cos^{-1}\left(-\dfrac{1}{2}\right)$ の値を求めよう．$\theta = \cos^{-1}\left(-\dfrac{1}{2}\right)$ とおくと，

$$\cos\theta = -\frac{1}{2} \text{ かつ } 0 \leqq \theta \leqq \pi$$

だから $\theta = \dfrac{2\pi}{3}$ である．

例題 1.10　次の値を求めよ．

(1)　$\cos^{-1}\dfrac{\sqrt{3}}{2}$　(2)　$\cos^{-1}\left(-\dfrac{1}{\sqrt{2}}\right)$

解答　例 1.9 と同様に

(1)　$\cos^{-1}\dfrac{\sqrt{3}}{2} = \dfrac{\pi}{6}$　(2)　$\cos^{-1}\left(-\dfrac{1}{\sqrt{2}}\right) = \dfrac{3\pi}{4}$

$y = \tan x$ については

$$y = \tan x, \quad -\frac{\pi}{2} < x < \frac{\pi}{2}$$

とすれば，関数の値域は $\mathbb{R}$ である．そこで $y = \tan x$ の逆関数を

$$y = \tan^{-1} x \Leftrightarrow x = \tan y \text{ かつ } -\frac{\pi}{2} < y < \frac{\pi}{2}$$

で定義することにする．この関数 $\tan^{-1} x$ を逆正接関数という．逆正接関数は $\mathrm{Tan}^{-1}x$, $\arctan x$, $\mathrm{Arctan}x$ などで表されることもある．

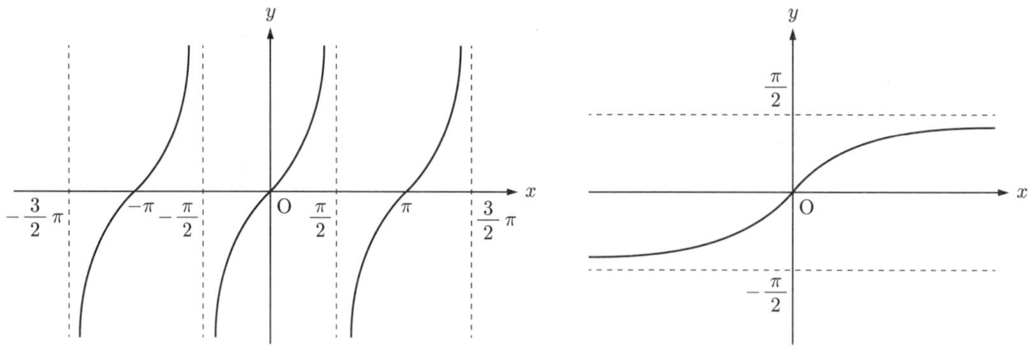

図 1.5　$\tan x$ と $\tan^{-1} x$ のグラフ

例題 1.11　次の値を求めよ．

(1)　$\tan^{-1}(-1)$　(2)　$\tan^{-1}\sqrt{3}$

解答　(1)　$\theta = \tan^{-1}(-1)$ とおくと，

$$\tan\theta = -1 \text{ かつ } -\frac{\pi}{2} < \theta < \frac{\pi}{2}$$

だから $\tan^{-1}(-1) = -\dfrac{\pi}{4}$.

(2) (1) と同様に $\tan^{-1}\sqrt{3} = \dfrac{\pi}{3}$. ▮

例 1.10 $\sin\left(\cos^{-1}\dfrac{1}{3}\right)$ の値を求めよう．$\cos^{-1}\dfrac{1}{3} = \theta$ とおくと

$$\cos\theta = \frac{1}{3} \text{ かつ } 0 \leqq \theta \leqq \pi.$$

この範囲では $\sin\theta \geqq 0$ だから

$$\sin\left(\cos^{-1}\frac{1}{3}\right) = \sin\theta = \sqrt{1-\cos^2\theta} = \sqrt{1-\left(\frac{1}{3}\right)^2} = \frac{2\sqrt{2}}{3}.$$

例題 1.12 次の値を求めよ．
(1) $\cos\left(\sin^{-1}\dfrac{3}{5}\right)$ (2) $\tan\left(\sin^{-1}\dfrac{3}{5}\right)$

解答 (1) $\sin^{-1}\dfrac{3}{5} = \theta$ とおくと，

$$\sin\theta = \frac{3}{5} \text{ かつ } -\frac{\pi}{2} \leqq \theta \leqq \frac{\pi}{2}.$$

この範囲では $\cos\theta \geqq 0$ だから

$$\cos\left(\sin^{-1}\frac{3}{5}\right) = \cos\theta = \sqrt{1-\sin^2\theta} = \sqrt{1-\left(\frac{3}{5}\right)^2} = \frac{4}{5}.$$

(2) $\sin^{-1}\dfrac{3}{5} = \theta$ とおくと，(1) より $\cos\theta = \dfrac{4}{5}$ だから

$$\tan\left(\sin^{-1}\frac{3}{5}\right) = \tan\theta = \frac{\sin\theta}{\cos\theta} = \frac{3}{4}.$$ ▮

例 1.11 $-1 \leqq x \leqq 1$ のとき，次の等式が成り立つことを証明しよう．

$$\sin^{-1}x + \cos^{-1}x = \frac{\pi}{2}.$$

$\theta = \sin^{-1}x$ とおくと，

$$x = \sin\theta \text{ かつ } -\frac{\pi}{2} \leqq \theta \leqq \frac{\pi}{2}$$

が成り立つ．ここで $\sin\theta = \cos\left(\dfrac{\pi}{2}-\theta\right)$ に注意すると，

$$x = \sin\theta = \cos\left(\frac{\pi}{2}-\theta\right) \text{ かつ } 0 \leqq \frac{\pi}{2}-\theta \leqq \pi$$

より

$$\cos^{-1}x = \frac{\pi}{2}-\theta$$

である．このことから上の等式が成り立つ．

1.4 数列とその極限

数列 $\{a_n\}$ に対して，その極限を次のように定義する．

定義 1.6　数列 $\{a_n\}$ がある実数 a に収束 (converge) するとは，$n \in \mathbb{N}$ を限りなく大きくするとき $|a_n - a|$ が限りなく 0 に近づくことである．このことを

$$\lim_{n\to\infty} a_n = a$$

で表す．またこのとき，a を数列 $\{a_n\}$ の極限値 (limit) という．数列 $\{a_n\}$ は収束しないとき発散 (diverge) するという．特に a_n が限りなく大きくなる（小さくなる）とき

$$\lim_{n\to\infty} a_n = \infty \ (-\infty)$$

と表す．

厳密には数列が収束することは $\varepsilon-\delta$ 論法と呼ばれる以下の方法で定義される．

数列 $\{a_n\}$ がある実数 a に収束するとは，任意の $\varepsilon > 0$ に対してある自然数 $n_0 \in \mathbb{N}$ が存在して，すべての $n > n_0$ に対して $|a_n - a| < \varepsilon$ となることをいう．

例 1.12　$\displaystyle\lim_{n\to\infty} \frac{1}{n} = 0.$

このことは $\varepsilon-\delta$ 論法を用いると，次のように証明される．任意の ε が与えられたとき，Archimedes の原理（定理 1.3）により $n_0\varepsilon > 1$ となるように n_0 を取れば，$n > n_0$ に対して $n\varepsilon > 1$ であるから，定義により $\displaystyle\lim_{n\to\infty} \frac{1}{n} = 0$ となる．

すべての数列に対して，収束の判定をするのにこのようにするのは煩雑であるので，数列の収束性についての性質をあらかじめ示しておき，それらを用いて収束判定をすることが多い．

定理 1.4　$\displaystyle\lim_{n\to\infty} a_n = a$, $\displaystyle\lim_{n\to\infty} b_n = b$ とするとき，以下が成り立つ．

(1)　$\displaystyle\lim_{n\to\infty} (a_n \pm b_n) = a \pm b.$

(2)　任意の $k \in \mathbb{R}$ に対して $\displaystyle\lim_{n\to\infty} ka_n = ka.$

(3)　$\displaystyle\lim_{n\to\infty} (a_n b_n) = ab.$

(4)　任意の $n \in \mathbb{N}$ に対して $b_n \neq 0$ かつ $b \neq 0$ のとき $\displaystyle\lim_{n\to\infty} \frac{a_n}{b_n} = \frac{a}{b}.$

(5)　任意の $n \in \mathbb{N}$ に対して $a_n \leqq b_n$ ならば $\displaystyle\lim_{n\to\infty} a_n \leqq \lim_{n\to\infty} b_n.$

(6)（はさみうちの定理 (squeeze theorem)）任意の $n \in \mathbb{N}$ に対して $a_n \leqq c_n \leqq b_n$ かつ $a = b$ ならば $\displaystyle\lim_{n\to\infty} c_n = a.$

(7)　$\displaystyle\lim_{n\to\infty} |a_n| = |a|.$

上記の証明は省略する．

例 1.13 $a_n = \dfrac{3^n - 1}{3^{n+1} + 1}$ で与えられる数列 $\{a_n\}$ の極限値を求めよう．分母と分子をそれぞれ 3^n で割ると

$$\lim_{n\to\infty} a_n = \lim_{n\to\infty} \frac{1 - \dfrac{1}{3^n}}{3 + \dfrac{1}{3^n}} = \frac{1}{3}.$$

例 1.14 $\displaystyle\lim_{n\to\infty} \frac{2^n}{n!}$ を求めよう．

$$0 \leqq \frac{2^n}{n!} = \frac{2}{1} \cdot \frac{2}{2} \cdot \frac{2}{3} \cdots \frac{2}{n-1} \cdot \frac{2}{n} \leqq \frac{2}{1} \cdot 1 \cdot 1 \cdots 1 \cdot \frac{2}{n} = \frac{4}{n}$$

だから

$$\lim_{n\to\infty} \frac{4}{n} = 0.$$

したがって, はさみうちの定理により

$$\lim_{n\to\infty} \frac{2^n}{n!} = 0.$$

例題 1.13 定理 1.4 を用いて以下の極限値を求めよ．

(1) $\displaystyle\lim_{n\to\infty} \frac{2n+1}{n-3}$ (2) $\displaystyle\lim_{n\to\infty} \frac{n^2 - 3n + 1}{2n^2 + 1}$ (3) $\displaystyle\lim_{n\to\infty} \frac{2^n + 1}{3^n - 5}$

(4) $\displaystyle\lim_{n\to\infty} \left(\sqrt{n+1} - \sqrt{n}\right)$ (5) $\displaystyle\lim_{n\to\infty} \frac{(-1)^n}{n}$ (6) $\displaystyle\lim_{n\to\infty} \frac{n!}{n^n}$

解答 (1)
$$\frac{2n+1}{n-3} = \frac{2 + 1/n}{1 - 3/n} \to 2 \quad (n \to \infty)$$

(2)
$$\frac{n^2 - 3n + 1}{2n^2 + 1} = \frac{1 - 3/n + 1/n^2}{2 + 1/n^2} \to \frac{1}{2} \quad (n \to \infty)$$

(3)
$$\frac{2^n + 1}{3^n - 5} = \frac{\left(\frac{2}{3}\right)^n + \frac{1}{3^n}}{1 - \frac{5}{3^n}} \to 0 \quad (n \to \infty)$$

(4)
$$\sqrt{n+1} - \sqrt{n} = \frac{n + 1 - n}{\sqrt{n+1} + \sqrt{n}} = \frac{1}{\sqrt{n+1} + \sqrt{n}} \to 0 \quad (n \to \infty)$$

(5) $n \to \infty$ のとき $\left|\dfrac{(-1)^n}{n}\right| = \dfrac{1}{n} \to 0$ なので

$$\lim_{n\to\infty} \frac{(-1)^n}{n} = 0.$$

(6)
$$0 \leqq \frac{n!}{n^n} = \frac{1}{n} \cdot \frac{2}{n} \cdots \frac{n}{n} \leqq \frac{1}{n} \cdot 1 \cdots 1 = \frac{1}{n}$$

であり，$\frac{1}{n} \to 0 \quad (n \to \infty)$ だから，はさみうちの定理により

$$\frac{n!}{n^n} \to 0 \ (n \to \infty).$$

∎

数列の収束性を判定するのに，以下の性質を用いることがある．数列 $\{a_n\}$ は任意の $n \in \mathbb{N}$ に対して $a_n \leqq a_{n+1}$ $(a_n \geqq a_{n+1})$ となるとき単調増加列 (monotone increasing sequence)（単調減少列 (monotone decreasing sequence)）であるという．また $\{a_n\}$ はある $M \in \mathbb{R}$ が存在して，任意の $n \in \mathbb{N}$ に対して $a_n \leqq M$ $(a_n \geqq M)$ が成り立つとき上に有界 (bounded)（下に有界）であるという．

定理 1.5　上に有界な単調増加列は収束する．同様に，下に有界な単調減少列は収束する．

証明はやや難しいので省略するが，この定理は以下の例に見るように極めて重要な役割を持つ．

たとえば次の例は直感的には明らかであるが，厳密には定理 1.5 から導かれる．

例 1.15　$a_n = 1 - \frac{1}{n}$ で与えられる数列 $\{a_n\}$ は単調増加列であり，任意の n に対して $1 - \frac{1}{n} < 1$ であるから収束する．また $b_n = \frac{1}{n}$ で与えられる数列 $\{b_n\}$ は単調減少列であり，任意の n に対して $\frac{1}{n} > 0$ であるから収束する．

次の定理は解析学において重要な役割を果たす実数を定義している．

定理 1.6　$a_n = \left(1 + \frac{1}{n}\right)^n$ で与えられる数列 $\{a_n\}$ は収束する．

証明　まず $\{a_n\}$ が上に有界であることを証明する．二項展開により

$$\begin{aligned}\left(1+\frac{1}{n}\right)^n &= 1 + \binom{n}{1}\frac{1}{n} + \binom{n}{2}\frac{1}{n^2} + \cdots + \binom{n}{n}\frac{1}{n^n} \\ &= 1 + \frac{1}{1!}\frac{n}{n} + \frac{1}{2!}\frac{n(n-1)}{n^2} + \cdots + \frac{1}{n!}\frac{n(n-1)\cdots(n-(n-1))}{n^n}\end{aligned}$$

である．ここで

$$\binom{n}{r} = \frac{n(n-1)\cdots(n-r+1)}{r!}, \qquad \binom{n}{0} = 1$$

である．したがって

$$\begin{aligned}\left(1+\frac{1}{n}\right)^n &= 1 + \frac{1}{1!} + \frac{1}{2!}\left(1-\frac{1}{n}\right) + \cdots + \frac{1}{n!}\left(1-\frac{1}{n}\right)\left(1-\frac{2}{n}\right)\cdots\left(1-\frac{n-1}{n}\right) \\ &\leqq 1 + \frac{1}{1!} + \frac{1}{2!} + \frac{1}{3!} + \frac{1}{4!} + \cdots + \frac{1}{n!} \\ &\leqq 1 + 1 + \frac{1}{2} + \frac{1}{2^2} + \frac{1}{2^3} + \cdots + \frac{1}{2^{n-1}} \\ &= 3 - \left(\frac{1}{2}\right)^{n-1} < 3\end{aligned}$$

となる．ここで $n! = 1\cdot 2\cdot 3\cdots n \geqq 1\cdot 2\cdot 2\cdots 2 = 2^{n-1}$ に注意する．したがってこの数列は上に有界である．同様の展開を a_{n+1} に対して考えると $a_n < a_{n+1}$ であることも示されるから，この数列は単調増加列であり，したがって定理 1.5 により収束する． ∎

この数列の極限値は無理数になりその値を e で表す．これはネイピア数，あるいは自然対数の底と呼ばれる．$e = 2.71828182\cdots$ である．自然対数の底という名前のとおり，e は対数の底としてよく用いられる．そこで e が底の対数の場合，底を書かないで

$$\log x = \log_e x$$

としたり，あるいは

$$\ln x = \log_e x$$

と書いたりする．

1.5 級数

数列の $\{a_n\}$ の第 n 項までの和において $n \to \infty$ としたときの極限を無限級数といい，以下のように表す．

$$\sum_{n=1}^{\infty} a_n = \lim_{n\to\infty} \sum_{k=1}^{n} a_k.$$

無限級数の n 項までの和を第 n 部分和といい

$$S_n = \sum_{k=1}^{n} a_k$$

で表す．

級数の収束や発散については数列のそれらと同じように定義される．

例題 1.14 $|r| < 1$ とするとき, 次の無限級数は収束して

$$\sum_{n=0}^{\infty} r^n = \frac{1}{1-r}$$

であることを示せ.

解答 $|r| < 1$ のときに $r^{n+1} \to 0 \quad (n \to \infty)$ だから

$$\sum_{k=0}^{n} r^k = \frac{1-r^{n+1}}{1-r} \to \frac{1}{1-r} \quad (n \to \infty).$$

∎

例題 1.15 無限級数

$$\sum_{n=1}^{\infty} \frac{1}{n(n+1)}$$

が収束するかどうかを調べよ.

解答

$$\frac{1}{n(n+1)} = \frac{1}{n} - \frac{1}{n+1}$$

だから

$$\begin{aligned} S_n &= \sum_{k=1}^{n} \frac{1}{k(k+1)} \\ &= \sum_{k=1}^{n} \left(\frac{1}{k} - \frac{1}{k+1}\right) \\ &= 1 - \frac{1}{n+1}. \end{aligned}$$

したがって

$$\sum_{n=1}^{\infty} \frac{1}{n(n+1)} = \lim_{n\to\infty} \left(1 - \frac{1}{n+1}\right) = 1.$$

∎

無限級数の収束性については以下のことがわかる．

定理 1.7　無限級数

$$\sum_{n=1}^{\infty} a_n$$

が収束するならば

$$\lim_{n\to\infty} a_n = 0$$

が成り立つ．

証明

$$S_n = \sum_{k=1}^{n} a_k, \quad \lim_{n\to\infty} S_n = s$$

とすると

$$\lim_{n\to\infty} a_n = \lim_{n\to\infty} (S_n - S_{n-1}) = s - s = 0.$$

∎

定理 1.7 の逆は成り立たない，つまり

$$\lim_{n\to\infty} a_n = 0$$

であっても，

$$\sum_{n=1}^{\infty} a_n$$

が収束するとは限らないことに注意しよう．たとえば

$$\sum_{n=1}^{\infty} \frac{1}{n}$$

がその例である．$a_n = \dfrac{1}{n}$ とおけば $\lim_{n\to\infty} a_n = 0$. しかし $\displaystyle\sum_{n=1}^{\infty} \frac{1}{n}$ は発散するからである．

章末問題

1.1　集合 A, B について，$A \cap B = A$ であるための必要十分条件は $A \subseteqq B$ であることを証明せよ．

解答　$A \cap B = A$ とするとき，$A \subseteqq B$ は明らか．逆に $A \subseteqq B$ とするとき $x \in A$ とすると，$A \subseteqq B$ より $x \in B$．したがって $x \in A \cap B$．　▮

1.2　A, B, C をそれぞれ 30 以下の自然数で，2, 3, 5 の倍数であるようなものの集合とするとき，以下の集合の要素を列挙せよ．

(1)　$A \cap B \cap C$　(2)　$A \cup (B \cap C)$

解答　(1)　$A \cap B \cap C$ は 30 以下の 2,3,5 の公倍数の集合だから，$A \cap B \cap C = \{30\}$．

(2)
$$B \cap C = \{3, 6, 9, 12, 15, 18, 21, 24, 27, 30\} \cap \{5, 10, 15, 20, 25, 30\} = \{15, 30\}$$
だから
$$A \cup (B \cap C) = \{2, 4, 6, 8, 10, 12, 14, 15, 16, 18, 20, 22, 24, 26, 28, 30\}.$$
▮

1.3　関数 $y = \sin\theta + 3\cos\theta$ の最大値と最小値を求めよ．

解答
$$y = \sin\theta + 3\cos\theta = \sqrt{1^2 + 3^2}\sin(\theta + \alpha) = \sqrt{10}\sin(\theta + \alpha)$$
であるような α が存在し，$-1 \leqq \sin(\theta + \alpha) \leqq 1$ だから $-\sqrt{10} \leqq y \leqq \sqrt{10}$.　▮

1.4　$x > 0$ のとき $\tan^{-1} x + \tan^{-1}\dfrac{1}{x} = \dfrac{\pi}{2}$ であることを証明せよ．

解答　$\tan^{-1} x = \theta$ とおくと，$\tan\theta = x$ かつ $0 < \theta < \dfrac{\pi}{2}$．ここで
$$\tan\left(\frac{\pi}{2} - \theta\right) = \frac{1}{\tan\theta} = \frac{1}{x}$$
だから
$$\frac{\pi}{2} - \theta = \tan^{-1}\frac{1}{x}.$$
▮

1.5　$\displaystyle\lim_{n\to\infty}\cos n\pi$ と $\displaystyle\lim_{n\to\infty}\frac{1}{2^n}\cos n\pi$ の値を求めよ．

解答
$$\cos n\pi = \begin{cases} 1 & (n \text{ が偶数のとき}), \\ -1 & (n \text{ が奇数のとき}) \end{cases}$$
だから，$\displaystyle\lim_{n\to\infty}\cos n\pi$ は存在しない．また
$$\left|\frac{1}{2^n}\cos n\pi\right| \leqq \frac{1}{2^n} \to 0 \quad (n \to \infty)$$
だから $\displaystyle\lim_{n\to\infty}\frac{1}{2^n}\cos n\pi = 0$.　▮

1.6　以下の極限値を求めよ.

(1)　$\displaystyle\lim_{n\to\infty}\left(1+\frac{1}{2n}\right)^n$　(2)　$\displaystyle\lim_{n\to\infty}\left(1+\frac{1}{n}\right)^{-n}$

解答　(1)

$$\lim_{n\to\infty}\left(1+\frac{1}{2n}\right)^n=\lim_{n\to\infty}\left(\left(1+\frac{1}{2n}\right)^{2n}\right)^{1/2}=e^{1/2}$$

(2)

$$\lim_{n\to\infty}\left(1+\frac{1}{n}\right)^{-n}=\lim_{n\to\infty}\left(\left(1+\frac{1}{n}\right)^{n}\right)^{-1}=e^{-1}$$

1.7　級数 $\displaystyle\sum_{n=1}^{\infty}\frac{1}{(2n-1)(2n+1)}$ の値を求めよ.

解答

$$\begin{aligned}\sum_{k=1}^{n}\frac{1}{(2k-1)(2k+1)}&=\frac{1}{2}\sum_{k=1}^{n}\left(\frac{1}{2k-1}-\frac{1}{2k+1}\right)\\&=\frac{1}{2}\left(1-\frac{1}{2n+1}\right)\\&\to\frac{1}{2}\quad(n\to\infty)\end{aligned}$$

2

1変数関数の微分法

2.1　1変数関数の導関数

2.1.1　関数の極限と連続性

この節では1変数関数の微分係数と導関数を定義する．そのためにまず，関数の極限を定義しよう．関数 $y = f(x)$ は $x = a$ の適当な近傍（ここでは a を含む開区間）において，少なくとも $x = a$ を除いた点においては定義されているとする（$x = a$ においては必ずしも値が定義されていなくてもよい）．いま x がこの近傍内を a と異なる値を取りながら a に近づいていくとき，$f(x)$ の値が限りなく b に近づくとする．このとき，x が a に近づくときの $f(x)$ の極限値 (limit) は b であるといい，

$$\lim_{x \to a} f(x) = b$$

と表す．数直線上の点 x を a に近づけるとき，x が a より小さい値を取りながら a に近づくことを $x \to a - 0$，a より大きい値を取りながら a に近づくことを $x \to a + 0$ で表す．これらの近づき方に対応する極限を左側極限および右側極限といい，それぞれ

$$f(a-0) = \lim_{x \to a-0} f(x), \quad f(a+0) = \lim_{x \to a+0} f(x)$$

という記号で表す．関数 $f(x)$ の $x \to a$ のときの極限が存在することはその左側極限と右側極限がともに存在し一致することと同値である，すなわち

$$\lim_{x \to a} f(x) = b \quad \Longleftrightarrow \quad f(a-0) = f(a+0) = b.$$

例 2.1　$\lim_{x \to 2}(3x^2 - x - 5) = 3 \cdot 2^2 - 2 - 5 = 5$. 一般的に，変数 x のみを含む多項式 $p(x)$ と実数 a に対して

$$\lim_{x \to a} p(x) = p(a)$$

が成り立つ．

関数の極限値は数列の極限値と同様の性質を持つ．

定理 2.1　$\lim_{x \to a} f(x) = \alpha$, $\lim_{x \to a} g(x) = \beta$ とするとき，以下が成り立つ．

(1)　$\lim_{x \to a}(f(x) \pm g(x)) = \alpha \pm \beta$.

(2)　任意の $k \in \mathbb{R}$ に対して $\lim_{x \to a} kf(x) = k\alpha$.

(3)　$\lim_{x \to a} f(x)g(x) = \alpha\beta$.

(4)　$x = a$ を除く a の十分近くのすべての x に対して $g(x) \neq 0$ かつ $\beta \neq 0$ のとき

$$\lim_{x \to a} \frac{f(x)}{g(x)} = \frac{\alpha}{\beta}.$$

(5)　$x = a$ を除く a の十分近くのすべての x に対して $f(x) \leqq g(x)$ ならば

$$\alpha \leqq \beta.$$

(6)（はさみうちの定理）$x = a$ を除く任意の $x \in \mathbb{R}$ に対して

$$f(x) \leqq h(x) \leqq g(x) \text{ かつ } \alpha = \beta$$

ならば $\lim_{x \to a} h(x) = \alpha$.

(7)　$\lim_{x \to a} |f(x)| = |\alpha|$.

例 2.2

$$\begin{aligned}\lim_{x \to \infty}(\sqrt{x^2 - 3x} - x) &= \lim_{x \to \infty} \frac{(\sqrt{x^2 - 3x} - x)(\sqrt{x^2 - 3x} + x)}{\sqrt{x^2 - 3x} + x} \\ &= \lim_{x \to \infty} \frac{-3x}{\sqrt{x^2 - 3x} + x} \\ &= \lim_{x \to \infty} \frac{-3}{\sqrt{1 - 3/x} + 1} \\ &= -\frac{3}{2}\end{aligned}$$

例題 2.1　以下の極限値を求めよ.

(1)　$\lim_{x \to 1} \dfrac{x^3 - 3x + 2}{x - 1}$

(2)　$\lim_{x \to \infty} \dfrac{2^x}{2^x - 2^{-x}}$

(3)　$\lim_{x \to 0}(\sqrt{4x^2 - 2x + 1} - 2x)$

(4)　$\lim_{x \to \infty}(\log_e(1 + x) - \log_e x)$

解答　(1)

$$\frac{x^3 - 3x + 2}{x - 1} = \frac{(x - 1)(x^2 + x - 2)}{x - 1} = x^2 + x - 2$$

だから

$$\lim_{x \to 1} \frac{x^3 - 3x + 2}{x - 1} = \lim_{x \to 1}(x^2 + x - 2) = 0.$$

(2)　分母と分子をともに 2^x でわると

$$\frac{2^x}{2^x - 2^{-x}} = \frac{1}{1 - 2^{-2x}}$$

$x \to \infty$ のとき $2^{-2x} \to 0$ だから

$$\lim_{x \to \infty} \frac{2^x}{2^x - 2^{-x}} = 1.$$

(3)
$$\sqrt{4x^2 - 2x + 1} - 2x = \frac{(\sqrt{4x^2 - 2x + 1} + 2x)(\sqrt{4x^2 - 2x + 1} - 2x)}{\sqrt{4x^2 - 2x + 1} + 2x} = \frac{-2x + 1}{\sqrt{4x^2 - 2x + 1} + 2x}$$

だから

$$\lim_{x \to 0} (\sqrt{4x^2 - 2x + 1} - 2x) = \lim_{x \to 0} \frac{-2x + 1}{\sqrt{4x^2 - 2x + 1} + 2x} = 1.$$

(4)
$$\lim_{x \to \infty} \frac{1 + x}{x} = 1$$

だから

$$\lim_{x \to \infty} (\log_e (1 + x) - \log_e x) = \lim_{x \to \infty} \log_e \left(\frac{1 + x}{x} \right) = \log_e 1 = 0.$$

∎

定義 2.1　関数 $y = f(x)$ が $x = a$ において**連続** (continuous) であるとは，$f(a)$ が定義されていて

$$\lim_{x \to a} f(x) = f(a)$$

となるときをいう．関数 $f(x)$ が区間 I に属するすべての点で連続であるときに，関数 $f(x)$ は区間 I において連続であるという．

例 2.3　関数 $f(x) = 3x^2 - x - 5$ は $x = 2$ で連続である．なぜならば

$$f(2) = 5. \quad 他方, \quad \lim_{x \to 2} f(x) = 5$$

となるからである．例えば区間 $[-3, 5]$ を考えたとすれば，関数 $f(x)$ は区間 $[-3, 5]$ において連続である．

2.1.2　微分係数と導関数

いま関数 $y = f(x)$ のある点 $x = a$ の近くでの値の変動を調べたいとする．これは一般に平面上に曲線を描いていると考えられるので，その曲線を $x = a$ のあたりで拡大してみるとこれが「滑らかな」曲線なら限りなく直線に近づいていく．このとき，この直線の傾きを求める方法を考えてみよ

う．点 $\mathrm{B}(a+h, f(a+h))$ を $\mathrm{A}(a, f(a))$ の近くにとるとき直線 AB の傾きは

$$\frac{f(a+h)-f(a)}{h}$$

で与えられる．このとき h を限りなく 0 に近づけたときの極限を微分係数として定義する．図 2.1 を参照.

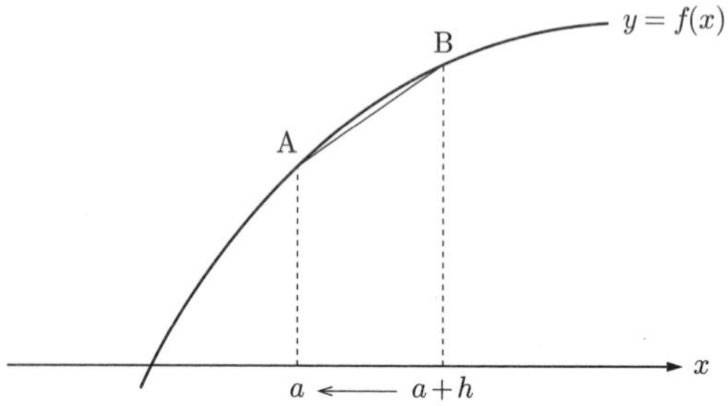

図 2.1

定義 2.2　関数 $y=f(x)$ と点 $x=a$ に対して極限

$$f'(a)=\lim_{h\to 0}\frac{f(a+h)-f(a)}{h}$$

が存在するとき $f(x)$ は a において微分可能 (differentiable) であるといい，$f'(a)$ を $f(x)$ の a における微分係数 (differential coefficient) という．関数 $f(x)$ が区間 I に属するすべての点で微分可能であるときに，関数 $f(x)$ は区間 I において微分可能であるという．

微分係数 $f'(a)$ が曲線 $y=f(x)$ の点 $\mathrm{A}(a, f(a))$ における接線の傾きを与えている．

関数が微分可能であるためにはそれは連続でなければならないが，連続だからといって微分可能とは限らない．すなわち

定理 2.2　関数 $y=f(x)$ が点 $x=a$ で微分可能なら，点 $x=a$ で連続である．

証明　$f(x)$ が $x=a$ で微分可能なので

$$\lim_{h\to 0}\frac{f(a+h)-f(a)}{h}$$

が存在するが，このとき

$$\lim_{h\to 0}(f(a+h)-f(a))=0$$

でなければならない．これは $f(x)$ が $x=a$ で連続であることを意味する．∎

例題 2.2　関数 $f(x)=|x|$ は 点 $x=0$ で連続であるが微分可能でないことを示せ．

解答　$f(0) = |0| = 0$ であり，$\lim_{x \to 0} f(x) = 0$ なので，$f(x)$ は点 $x = 0$ で連続である．次に，点 $x = 0$ における微分可能性を調べるために，左側極限と右側極限を考えると

$$\lim_{h \to -0} \frac{|0+h| - |0|}{h} = \lim_{h \to -0} \frac{-h}{h} = -1, \quad \lim_{h \to +0} \frac{|0+h| - |0|}{h} = \lim_{h \to +0} \frac{h}{h} = 1$$

となって，これらは一致しない．したがって極限値

$$\lim_{h \to 0} \frac{|0+h| - |0|}{h}$$

が存在しないので，$f(x)$ は点 $x = 0$ で微分可能ではない．■

計算する上では，微分係数を求める点を変数として考えると便利である．このとき各点に対してその点における微分係数を与える関数を定義することができる．これが導関数である．

定義 2.3　関数 $y = f(x)$ が区間 I において微分可能であるとする．このとき，区間 I に属する任意の点 x に対して

$$f'(x) = \lim_{h \to 0} \frac{f(x+h) - f(x)}{h}$$

で与えられる関数を $f(x)$ の導関数 (derivative) という．関数 $f(x)$ から導関数 $f'(x)$ を求めることを $f(x)$ を微分するという．

具体的な関数の導関数を定義から求めてみよう．

例 2.4　関数 $f(x) = x^2$ の導関数を求める．

$$\begin{aligned} f'(x) &= \lim_{h \to 0} \frac{(x+h)^2 - x^2}{h} \\ &= \lim_{h \to 0} \frac{2xh + h^2}{h} \\ &= \lim_{h \to 0} (2x + h) \\ &= 2x. \end{aligned}$$

したがって，

$$(x^2)' = 2x.$$

例題 2.3　関数 $f(x) = \sin x$ の導関数を求めよ．

解答

$$\begin{aligned} f'(x) &= \lim_{h \to 0} \frac{\sin(x+h) - \sin x}{h} \\ &= \lim_{h \to 0} \frac{2 \sin \frac{h}{2} \cos\left(x + \frac{h}{2}\right)}{h} \end{aligned}$$

$$= \lim_{h \to 0} \frac{\sin \frac{h}{2}}{\frac{h}{2}} \cos\left(x + \frac{h}{2}\right)$$

$$= \cos x.$$

したがって，

$$(\sin x)' = \cos x.$$

▮

例題 2.4　関数 $f(x) = \log_e x$ の導関数を求めよ．$(x > 0)$

解答

$$\frac{\log_e(x+h) - \log_e x}{h} = \frac{1}{h} \log_e \frac{x+h}{x} = \log_e \left(1 + \frac{h}{x}\right)^{1/h}$$

$$= \frac{1}{x} \log_e \left(1 + \frac{1}{x/h}\right)^{x/h}$$

ここで $h \to 0$ のとき $x/h \to \pm\infty$ だから，定理 1.6 より

$$\lim_{h \to 0} \left(1 + \frac{1}{x/h}\right)^{x/h} = e.$$

よって

$$(\log_e x)' = \frac{1}{x} \log_e e = \frac{1}{x}.$$

▮

例題 2.5　次の関数の導関数を導関数の定義に基づいて求めよ．

(1)　$f(x) = x^3$　　(2)　$f(x) = x^n$　　(3)　$f(x) = \begin{cases} x^2 & (x > 0 \text{ のとき}), \\ 0 & (x \leqq 0 \text{ のとき}). \end{cases}$

解答　(1)

$$\lim_{h \to 0} \frac{f(x+h) - f(x)}{h} = \lim_{h \to 0} \frac{(x+h)^3 - x^3}{h}$$

$$= \lim_{h \to 0} (3x^2 + 3xh + h^2)$$

$$= 3x^2$$

よって $(x^3)' = 3x^2$.

(2)

$$\lim_{h \to 0} \frac{f(x+h) - f(x)}{h} = \lim_{h \to 0} \frac{(x+h)^n - x^n}{h}$$

$$= \lim_{h \to 0} (nx^{n-1} + {}_n\mathrm{C}_2 x^{n-2} h + \cdots + h^{n-1})$$

$$= nx^{n-1}$$

よって $(x^n)' = nx^{n-1}$.

(3)　$x = 0$ のときを考えると，

$$\lim_{h \to +0} \frac{f(0+h) - f(0)}{h} = \lim_{h \to 0} \frac{h^2}{h} = 0$$

かつ

$$\lim_{h\to -0}\frac{f(0+h)-f(0)}{h}=\lim_{f\to 0}\frac{0}{h}=0$$

だから $x=0$ で微分可能であり $f'(0)=0$ である．したがって，例 2.4 と定数関数の導関数により

$$f'(x)=\begin{cases} 2x & (x>0 \text{ のとき}), \\ 0 & (x\leqq 0 \text{ のとき}). \end{cases}$$

■

2.1.3　導関数の計算法

関数の導関数を定義から計算するのは難しい場合もあるので，導関数が満たすさまざまな性質を利用して導関数を計算する場合が多い．これらはほとんどが高校で習っているものであるので，以下に証明なしで述べる．

定理 2.3　関数 $f(x), g(x)$ がともに微分可能であるとき，以下の性質が成り立つ．ただし，c は定数である．

(1)　$c'=0$.

(2)　$(cf(x))'=cf'(x)$.

(3)　$(f(x)+g(x))'=f'(x)+g'(x)$.

(4)　$(f(x)g(x))'=f'(x)g(x)+f(x)g'(x)$.

(5)　$\left(\dfrac{f(x)}{g(x)}\right)'=\dfrac{f'(x)g(x)-f(x)g'(x)}{g(x)^2}$.

特に

$$\left(\frac{1}{g(x)}\right)'=-\frac{g'(x)}{g(x)^2}.$$

定理 2.4 (合成関数の微分)　関数 $g(x), h(x)$ がともに微分可能で，$f(x)=g(h(x))$ とおく．このとき，$f(x)$ も微分可能となり，

$$f'(x)=g'(h(x))h'(x)$$

が成り立つ．

逆関数の導関数はもとの関数の導関数を用いて表すことができる．

定理 2.5　$y=f(x)$ が微分可能であるとき，その逆関数 $f^{-1}(x)$ も微分可能で，

$$(f^{-1}(x))'=\frac{1}{f'(y)},\qquad \frac{dy}{dx}=1\Big/\frac{dx}{dy}.$$

例題 2.6　$(\sin x)' = \cos x$ であることを用いて

$$(\cos x)' = -\sin x$$

$$(\tan x)' = \frac{1}{\cos^2 x}$$

を示せ.

解答

$$(\cos x)' = \left(\sin\left(x + \frac{\pi}{2}\right)\right)' = \cos\left(x + \frac{\pi}{2}\right) = -\sin x.$$

$$(\tan x)' = \left(\frac{\sin x}{\cos x}\right)' = \frac{(\sin x)'\cos x - \sin x(\cos x)'}{\cos^2 x}$$

$$= \frac{\cos^2 x + \sin^2 x}{\cos^2 x} = \frac{1}{\cos^2 x}.$$

∎

例題 2.7　逆関数の導関数を用いて

$$(x^{1/n})' = \frac{1}{n}x^{\frac{1}{n}-1}$$

を示せ.

解答　$y = x^{1/n}$ とすると $x = y^n$. この両辺を x で微分すると

$$1 = (x)' = \frac{d}{dx}(y^n)' = ny^{n-1}\frac{dy}{dx}$$

だから

$$(x^{1/n})' = \frac{dy}{dx} = \frac{x^{\frac{1-n}{n}}}{n} = \frac{1}{n}x^{\frac{1}{n}-1}$$

∎

例題 2.8　$f(x) = e^x$ の導関数を求めよ.

解答　$y = e^x$ とすると $x = \log_e y$ だから

$$\frac{dy}{dx} = 1/\frac{dx}{dy} = \frac{1}{1/y} = y = e^x.$$

∎

例題 2.9　$y = \sin^{-1} x$ の導関数を求めよ.

解答　$x = \sin y$ の両辺を x で微分すると

$$1 = \cos y \cdot \frac{dy}{dx}$$

だから

$$\frac{dy}{dx} = \frac{1}{\cos y}$$

である．ここで $y=\sin^{-1}x$ とすると $-\dfrac{\pi}{2} \leqq y \leqq \dfrac{\pi}{2}$ だから

$$\cos y = \sqrt{1-x^2}.$$

したがって

$$(\sin^{-1}x)' = \frac{1}{\sqrt{1-x^2}}.$$

∎

他の逆三角関数についても同様の方法で導関数を計算できるので，これを例題にする．

例題 2.10　以下の式を証明せよ．

(1)　$(\cos^{-1}x)' = -\dfrac{1}{\sqrt{1-x^2}}$　　(2)　$(\tan^{-1}x)' = \dfrac{1}{1+x^2}$

解答　(1)　$y=\cos^{-1}x$ とおく．$x=\cos y$ の両辺を x で微分すると

$$\frac{dy}{dx} = -\frac{1}{\sin y}$$

が得られ，$\cos^{-1}$ の定義域に注意すると

$$\sin y = \sqrt{1-x^2}$$

である．したがって

$$(\cos^{-1}x)' = -\frac{1}{\sqrt{1-x^2}}$$

である．

(2)　同様にして $x=\tan y$ の両辺を x で微分することで得られる．∎

対数をとることで導関数の計算が容易になる場合がある．これを対数微分法 (logarithmic differentiation) と呼ぶ．

例題 2.11　x^x の導関数を求めよ．

解答　$y=x^x$ とし，両辺の対数をとると $\log_e y = x\log_e x$ となる．この式の両辺を x で微分すると

$$\frac{y'}{y} = \log_e x + x\frac{1}{x}$$

より

$$(x^x)' = y(\log_e x + 1) = x^x(\log_e x + 1)$$

となる．∎

例題 2.12　以下の関数の導関数を求めよ．

(1)　a^x（$a>0, a\neq 1$ とする）　　(2)　α を実数とするとき，x^α

解答　(1)　$y = a^x$ の両辺の対数をとると

$$\log_e y = \log_e a^x = x \log_e a$$

この両辺を x で微分すると

$$\frac{y'}{y} = \log_e a$$

だから

$$y' = a^x \log_e a.$$

(2)　同様に $y = x^\alpha$ とすると

$$\log_e y = \alpha \log_e x$$

だから

$$\frac{y'}{y} = \alpha \frac{1}{x}$$

より

$$y' = y\,\alpha \frac{1}{x} = \alpha x^{\alpha - 1}.$$

■

2.1.4　接線の方程式と微分

関数 $y = f(x)$ の $x = a$ における微分係数とは，その点のまわりにおける局所的な変化率である．すなわち $x = a$ において微分可能であるとき曲線 $y = f(x)$ は $x = a$ に非常に近い範囲では点 $\mathrm{A}(a, f(a))$ を通り，傾きが $f'(a)$ であるような直線で近似することができる．このとき，この直線を点 A における接線という．つまり

> **定義 2.4 (接線の方程式)**　関数 $y = f(x)$ が $x = a$ において微分可能であるとき，方程式
>
> $$y - f(a) = f'(a)(x - a)$$
>
> で与えられる直線を点 $(a, f(a))$ における $y = f(x)$ の接線 (tangent line) という．

ある関数 $y = f(x)$ 上の点 $(a, f(a))$ において接線が存在するということは，その点に近い範囲では y の変化量を x の変化量の一次式で表すことができるということである．つまり x の小さな変化量を dx と書き，それに対する y の変化量を dy と書くとき

$$dy = f(x)dx$$

と表すことができる．この式を**微分**という．

接線の方程式を用いて関数の近似値を計算することができる．

例題 2.13　$\sin 59^\circ$ の近似値を求めよ．

解答 59° は 60° に近いと考えると，これはラジアンでは

$$\frac{\pi}{3} - \frac{\pi}{180}$$

であるから，$y = \sin x$ の点 $\left(\dfrac{\pi}{3}, \dfrac{\sqrt{3}}{2}\right)$ における接線の方程式で近似する．この方程式は

$$y - \frac{\sqrt{3}}{2} = \frac{1}{2}\left(x - \frac{\pi}{3}\right)$$

だから

$$\sin 59^\circ \fallingdotseq \frac{1}{2}\left(\frac{59\pi}{180} - \frac{\pi}{3}\right) + \frac{\sqrt{3}}{2} = \frac{\sqrt{3}}{2} - \frac{\pi}{360}$$ ∎

例題 2.14 接線の方程式を用いて $\sqrt{1.02}$ の近似値を求めよ．

解答 $f(x) = \sqrt{1+x}$ の $x = 0$ における接線は

$$f'(x) = \frac{1}{2\sqrt{1+x}}$$

より，

$$y = \frac{1}{2}x + 1$$

よって，$\sqrt{1.02} = f(0.02)$ をこの方程式で近似すると

$$\sqrt{1.02} \fallingdotseq \frac{0.02}{2} + 1 = 1.01$$

となる． ∎

2.2 中間値の定理，平均値の定理とそれらの応用

2.2.1 中間値の定理，平均値の定理

まず，連続関数に関する基本的な性質についての定理を，次に微分可能な関数の性質を調べるのに重要な役割を果たしている平均値の定理について述べる．

定理 2.6 (中間値の定理 (the intermediate value theorem)) 関数 $y = f(x)$ は区間 $[a, b]$ で連続であり，$f(a) \neq f(b)$ であるとする．このとき $f(a)$ と $f(b)$ の間にある任意の γ について，$f(c) = \gamma$ かつ $a < c < b$ であるような c が存在する．

証明は省略するが，直感的には明らかであろう．また連続関数については，次のことも重要である．

定理 2.7 関数 $y = f(x)$ は区間 $[a, b]$ で連続ならば，$[a, b]$ において $f(x)$ の値が最大になるような c $(a \leqq c \leqq b)$ と最小になるような d $(a \leqq d \leqq b)$ が存在する．すなわち，すべての x $(a \leqq x \leqq b)$ について

$$f(c) \geqq f(x) \geqq f(d).$$

次に平均値の定理を証明するのに便利な次の定理を証明する．図 2.2 を参照.

定理 2.8 (Rolle の定理 (Roll's Theorem))　関数 $y=f(x)$ は区間 $[a,b]$ で連続かつ (a,b) で微分可能であるとする．このとき $f(a)=f(b)$ なら

$$f'(c)=0$$

であるような $a<c<b$ が存在する.

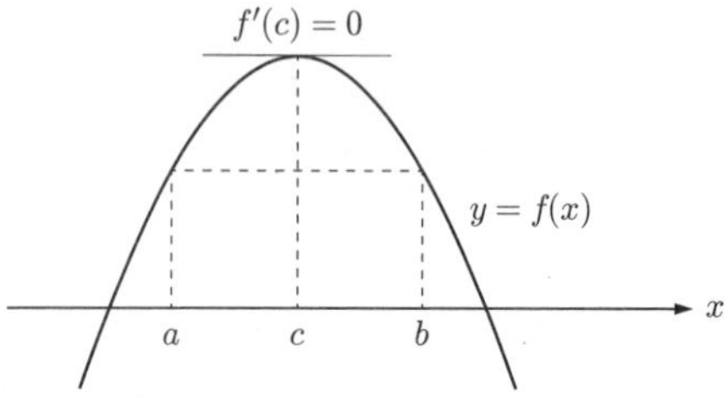

図 2.2　Rolle の定理

証明　いま $f(x)$ は定数関数でないと仮定して差し支えない．したがって $f(a)=f(b)$ であるから，定理 2.7 により，区間 $[a,b]$ において f が最大値または最小値をとる点 $a<c<b$ が存在する.

いま $f(c)$ が最大値であるとするとき，$0<h<b-c$ である h に対して

$$\frac{f(c+h)-f(c)}{h}<0$$

だから

$$f'(c)=\lim_{h\to+0}\frac{f(c+h)-f(c)}{h}\leqq 0.$$

同様に $a-c<h<0$ である h に対して

$$\frac{f(c+h)-f(c)}{h}>0$$

だから

$$f'(c)=\lim_{h\to-0}\frac{f(c+h)-f(c)}{h}\geqq 0.$$

したがって

$$f'(c)=0.$$

∎

定理 2.9 (平均値の定理 (Meanvalue Theorem))　関数 $y=f(x)$ は区間 $[a,b]$ で連続かつ (a,b) で微分可能であるとする．このとき

$$f'(c)=\frac{f(b)-f(a)}{b-a}$$

であるような $a<c<b$ が存在する.

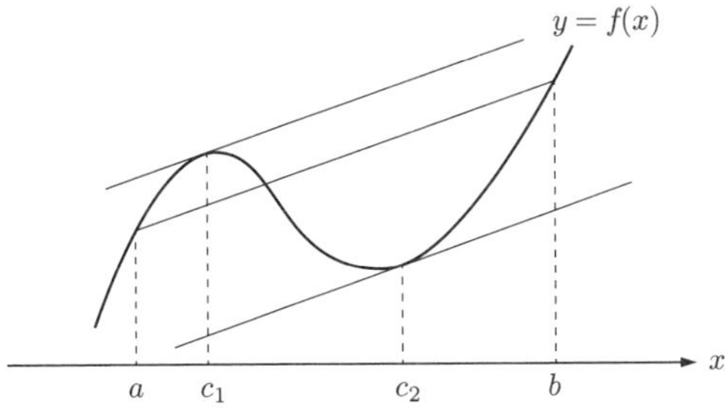

図 **2.3** 平均値の定理

証明 $f(x)$ は条件を満たすものとして，$F(x)$ を

$$F(x) = f(x) - \frac{f(b) - f(a)}{b - a}(x - a) \quad (a \leqq x \leqq b)$$

とする．このとき $F(x)$ も区間 $[a, b]$ で連続かつ (a, b) で微分可能であり，

$$F(a) = F(b) = f(a).$$

だから Rolle の定理（定理 2.8）により $F'(c) = 0$ となる $a < c < b$ が存在する．このとき

$$F'(c) = f'(c) - \frac{f(b) - f(a)}{b - a} = 0.$$

だから

$$f'(c) = \frac{f(b) - f(a)}{b - a}$$

が成り立つ． ∎

定理 2.10 (Cauchy の平均値の定理) 関数 $y = f(x)$ と $y = g(x)$ は区間 $[a, b]$ で連続かつ (a, b) で微分可能であるとする．さらに

$$g(a) \neq g(b), \quad |f'(x)| + |g'(x)| \neq 0.$$

ここで，$x \ (a < x < b)$ は任意の実数である．このとき

$$\frac{f(b) - f(a)}{g(b) - g(a)} = \frac{f'(c)}{g'(c)}$$

であるような $a < c < b$ が存在する．

証明 定理の条件を満たす a, b に対して

$$k = \frac{f(b) - f(a)}{g(b) - g(a)}$$

とし，関数 $F(x)$ を

$$F(x) = f(x) - f(a) - k(g(x) - g(a))$$

で定義する．このとき $F(a) = F(b) = 0$ だから Rolle の定理（定理 2.8）により

$$F'(c) = f'(c) - kg'(c) = 0$$

となる $a < c < b$ が存在する．ここで条件 $|f'(c)| + |g'(c)| \neq 0$ により $g'(c) \neq 0$ だから

$$\frac{f'(c)}{g'(c)} = k = \frac{f(b) - f(a)}{g(b) - g(a)}$$

となる． ▮

2.2.2　l'Hospital の定理

平均値の定理から，不定形の極限値を調べる方法が得られる．

定理 2.11 (l'Hospital の定理)　関数 $f(x)$, $g(x)$ は a のまわりで $x = a$ を除いて微分可能で，$g'(x) \neq 0$ かつ

$$\lim_{x \to a} f(x) = \lim_{x \to a} g(x) = 0$$

であるとする．このとき極限 $\lim_{x \to a} \frac{f'(x)}{g'(x)}$ が存在すれば，$\lim_{x \to a} \frac{f(x)}{g(x)}$ も存在して

$$\lim_{x \to a} \frac{f(x)}{g(x)} = \lim_{x \to a} \frac{f'(x)}{g'(x)}$$

となる．

証明　関数 $f(x)$, $g(x)$ が定理の条件を満たすとする．このとき　$f(a) = g(a) = 0$ としても一般性を失わない．いま $x > a$ とするとき Cauchy の平均値の定理（定理 2.10) により

$$\frac{f(x) - f(a)}{g(x) - g(a)} = \frac{f'(c)}{g'(c)}$$

となる $a < c < x$ が存在する．このとき $x \to a + 0$ なら $c \to a + 0$ だから

$$\lim_{x \to a+0} \frac{f(x)}{g(x)} = \lim_{c \to a+0} \frac{f'(c)}{g'(c)}$$

となる．同様に

$$\lim_{x \to a-0} \frac{f(x)}{g(x)} = \lim_{c \to a-0} \frac{f'(c)}{g'(c)}$$

も示すことができるから，主張が証明された． ▮

l'Hospital の定理は $\dfrac{\infty}{\infty}$ の形の不定形の極限にも適用できる．すなわち

定理 2.12 (l'Hospital の定理)　関数 $f(x)$, $g(x)$ は a のまわりで $x = a$ を除いて微分可能で，$g'(x) \neq 0$ かつ

$$\lim_{x \to a} f(x) = \lim_{x \to a} g(x) = \infty$$

であるとする．このとき極限 $\lim_{x \to a} \dfrac{f'(x)}{g'(x)}$ が存在すれば，$\lim_{x \to a} \dfrac{f(x)}{g(x)}$ も存在して

$$\lim_{x \to a} \frac{f(x)}{g(x)} = \lim_{x \to a} \frac{f'(x)}{g'(x)}$$

となる．

例題 2.15　以下の極限値を求めよ．

(1) $\lim_{x \to 0} \dfrac{e^x - x - 1}{x^2}$　(2) $\lim_{x \to 0} \dfrac{x - \sin^{-1} x}{x^3}$　(3) $\lim_{x \to 0} \dfrac{\sin x}{x \cos x}$　(4) $\lim_{x \to \infty} x^{\frac{1}{x}}$

解答　(1)

$$\lim_{x \to 0} \frac{e^x - x - 1}{x^2} = \lim_{x \to 0} \frac{e^x - 1}{2x} = \lim_{x \to 0} \frac{e^x}{2} = \frac{1}{2}$$

(2)

$$\begin{aligned}\lim_{x \to 0} \frac{x - \sin^{-1} x}{x^3} &= \lim_{x \to 0} \frac{1 - (1 - x^2)^{-1/2}}{3x^2} \\ &= \lim_{x \to 0} \frac{-(-1/2)(1 - x^2)^{-3/2} \cdot (-2x)}{6x} \\ &= \lim_{x \to 0} -\frac{(1 - x^2)^{-3/2}}{6} \\ &= -\frac{1}{6}\end{aligned}$$

(3)

$$\lim_{x \to 0} \frac{\sin x}{x \cos x} = \lim_{x \to 0} \frac{\cos x}{\cos x - x \sin x} = 1$$

(4) $\log_e x^{\frac{1}{x}} = \dfrac{\log_e x}{x}$ であり，

$$\lim_{x \to \infty} \frac{\log_e x}{x} = \lim_{x \to \infty} \frac{1}{x} = 0$$

だから $\lim_{x \to \infty} x^{\frac{1}{x}} = \lim_{x \to \infty} e^{\frac{\log_e x}{x}} = e^0 = 1.$ ∎

2.3　高階導関数

関数 $f(x)$ の導関数がさらに微分可能なとき，これを微分したものを 2 階導関数という．2 階導関数を

$$f''(x), \quad \frac{d^2 f}{dx^2}$$

などで表す．同様に微分可能な限りこれをさらに微分するとき，高階導関数 (higher-order derivative) が定義される．つまり $f(x)$ を n 回微分したものを n 階導関数といい，それを

$$f^{(n)}(x), \quad \frac{d^n f}{dx^n}$$

などで表す．関数 $f(x)$ が n 回まで微分可能であって n 階導関数が連続であるとき $f(x)$ を C^n 級関数という．$f(x)$ が何回でも微分可能で連続であるとき，それを C^∞ 級関数という．

例 2.5　関数 $f(x) = \sin x$ の n 階導関数を求めてみよう．$f'(x) = \cos x$, $f''(x) = -\sin x$, $f'''(x) = -\cos x$, $f^{(4)}(x) = \sin x$ だから，これを繰り返すと 0 以上の整数 k に対して

$$f^{(n)}(x) = \begin{cases} \sin x & n = 4k \text{ のとき} \\ \cos x & n = 4k+1 \text{ のとき} \\ -\sin x & n = 4k+2 \text{ のとき} \\ -\cos x & n = 4k+3 \text{ のとき} \end{cases}$$

となる．したがって 関数 $f(x) = \sin x$ は C^∞ 級関数である．

例題 2.16　次の関数の n 階導関数を求めよ．

(1)　$\dfrac{1}{x}$　　(2)　$x \log_e x$

解答　(1)　$f(x) = \dfrac{1}{x} = x^{-1}$ とすると

$$f'(x) = -x^{-2},\ f''(x) = (-1)^2 \cdot 2x^{-3},\ f'''(x) = (-1)^3 \cdot 3 \cdot 2x^{-4}, \dots$$

で，一般に

$$f^{(n)}(x) = (-1)^n n!\, x^{-(n+1)}.$$

(2)　$f(x) = x \log_e x$ とすると

$$f'(x) = \log_e x + 1,\ f''(x) = \frac{1}{x} = x^{-1}$$

であり，(1) より $n \geqq 3$ のとき

$$f^{(n)}(x) = (-1)^{n-2}(n-2)!x^{-(n-1)}.$$

∎

2 つの関数の積で表される関数の高階導関数については，以下の公式が知られている．

定理 2.13 (Leibniz の定理 (Leibniz's Theorem))　関数 $g(x)$, $h(x)$ が n 階まで微分可能であるとき，$f(x) = g(x)h(x)$ も n 階まで微分可能であり，以下が成り立つ．

$$f^{(n)}(x) = \sum_{k=0}^{n} \binom{n}{k} g^{(n-k)}(x) h^{(k)}(x).$$

証明　数学的帰納法による．$n = 1$ のときは積の導関数の公式である．

ある n について定理の主張が成り立っているとするとき

$$\begin{aligned} (gh)^{(n+1)} &= ((gh)^{(n)})' \\ &= \left(\sum_{k=0}^{n} \binom{n}{k} g^{(n-k)} h^{(k)} \right)' \\ &= \sum_{k=0}^{n} \binom{n}{k} (g^{(n-k+1)} h^{(k)} + g^{(n-k)} h^{(k+1)}) \end{aligned}$$

$$= g^{(n+1)}h^{(0)} + \sum_{k=1}^{n}\binom{n}{k}g^{(n-k+1)}h^{(k)} + \sum_{k=0}^{n-1}\binom{n}{k}g^{(n-k)}h^{(k+1)} + g^{(0)}h^{(n+1)}$$

ここで，

$$\sum_{k=0}^{n-1}\binom{n}{k}g^{(n-k)}h^{(k+1)} = \sum_{k=1}^{n}\binom{n}{k-1}g^{(n-k+1)}h^{(k)}$$

と

$$\binom{n}{k} + \binom{n}{k-1} = \binom{n+1}{k}$$

により

$$\begin{aligned}(gh)^{(n+1)} &= ((gh)^{(n)})' \\ &= g^{(n+1)}h^{(0)} + \sum_{k=1}^{n}\binom{n+1}{k}g^{(n-k+1)}h^{(k)} + g^{(0)}h^{(n+1)} \\ &= \sum_{k=0}^{n+1}\binom{n+1}{k}g^{(n+1-k)}h^{(k)}\end{aligned}$$

が成り立つ. ∎

定理 2.13 の定理により，2 つの関数の積で表される関数の n 階導関数は，二項定理による $(a+b)^n$ の展開と同じような形になることがわかる．たとえば $n=3$ までの場合を書いてみると

$$\begin{aligned}(f(x)g(x))' &= f'(x)g(x) + f(x)g'(x) \\ (f(x)g(x))'' &= f''(x)g(x) + 2f'(x)g'(x) + f(x)g''(x) \\ (f(x)g(x))''' &= f'''(x)g(x) + 3f''(x)g'(x) + 3f'(x)g''(x) + f(x)g'''(x)\end{aligned}$$

となる.

例題 2.17　$f(x) = e^x \sin x$ の 3 階導関数を求めよ.

解答

$$(e^x)^{(n)} = e^x$$

および

$$(\sin x)' = \cos x, \quad (\sin x)'' = -\sin x, \quad (\sin x)''' = -\cos x$$

より

$$\begin{aligned}(e^x \sin x)''' &= e^x \sin x + 3e^x \cos x + 3e^x(-\sin x) + e^x(-\cos x) \\ &= 2e^x(\cos x - \sin x)\end{aligned}$$

∎

例題 2.18　定理 2.13 を用いて以下の関数の 3 次までの高階導関数を求めよ.

(1)　$e^x \cos x$　　(2)　$x^5 \log x$

解答 (1) $(e^x)^{(n)} = e^x$ と $(\cos x)' = -\sin x$, $(\cos x)'' = -\cos x$, $(\cos x)''' = \sin x$ を用いて計算すればよい．$(e^x \cos x)' = -e^x(\sin x - \cos x)$, $(e^x \cos x)'' = -2e^x \sin x$, $(e^x \cos x)''' = -2e^x(\sin x + \cos x)$.

(2) (1) と同様. $(x^5 \log_e x)' = x^4(5\log_e x + 1)$, $(x^5 \log_e x)'' = x^3(20\log_e x + 9)$, $(x^5 \log_e x)''' = x^2(60\log_e x + 47)$. ▮

2.4　Taylor の定理とその応用

2.4.1　Taylor の定理

微分係数を定義する際に，関数はある点 $x = a$ で微分可能であるなら，それは $x = a$ の近くで直線で近似されるのであった．そしてこのとき接線の方程式は，

$$y - f(a) = f'(a)(x - a)$$

で表されるので，この y の値と元の関数の値の誤差を R で表すことにすると，x が a に近い値をとるとき

$$f(x) = f(a) + f'(a)(x - a) + R$$

で表すことができる．仮にこれと同様に，$f(x)$ が多項式で近似できるとするとき，それはどのような式で与えられるかを考えてみる．

まず以下の例を考えよう．$|x| < 1$ であるような x に対して，等比級数の計算により

$$\frac{1}{1-x} = 1 + x + x^2 + \cdots + x^n + \cdots$$

が成り立つ．この右辺は「無限次数の多項式」になっており，十分大きな n をとって x^n までの和

$$1 + x + x^2 + \cdots + x^n$$

を考えるとき，それは関数 $\dfrac{1}{1-x}$ の良い近似を与えている．

これと同様に関数が何度でも微分可能であるとき，それは多項式で近似することができると主張するのが Taylor の定理と呼ばれる次の定理である．

定理 2.14 (Taylor の定理 (Taylor Theorem))　関数 $f(x)$ は $x = a$ のまわりで，ある自然数 n に対して C^n 級であるとする．このとき

$$\begin{aligned} f(x) &= \sum_{k=0}^{n-1} \frac{f^{(k)}(a)}{k!}(x-a)^k + R_n \\ &= f(a) + \frac{f'(a)}{1!}(x-a) + \frac{f''(a)}{2!}(x-a)^2 + \frac{f'''(a)}{3!}(x-a)^3 \\ &\quad + \cdots + \frac{f^{(n-1)}(a)}{(n-1)!}(x-a)^{n-1} + R_n \end{aligned}$$

が成り立つ．ここで誤差 R_n は x と a の間のある c に対して

$$R_n = \frac{f^{(n)}(c)}{n!}(x-a)^n$$

を満たす．

証明 関数 $f(x)$ に対して

$$F(x) = f(x) - \left\{ f(a) + \frac{f'(a)}{1!}(x-a) + \frac{f''(a)}{2!}(x-a)^2 + \cdots + \frac{f^{(n-1)}(a)}{(n-1)!}(x-a)^{n-1} \right\}$$

とおく．このとき $F(x)$ は C^n 級であり，

$$F(a) = F'(a) = \cdots = F^{(n-1)}(a) = 0, \quad F^{(n)}(x) = f^{(n)}(x)$$

が成り立つ．ここで $F(x)$ と $G(x) = (x-a)^n$ に対して Cauchy の平均値の定理（定理 2.10）を適用すると，

$$\frac{F(x) - F(a)}{G(x) - G(a)} = \frac{F(x)}{(x-a)^n} = \frac{F'(c_1)}{n(c_1 - a)^{n-1}}$$

となる $a < c_1 < x$ が存在する．続けて $F'(x)$ と $G'(x) = n(x-a)^{n-1}$ に定理 2.10 を適用すると

$$\frac{F'(c_1) - F'(a)}{G'(c_1) - G'(a)} = \frac{F'(c_1)}{n(c_1 - a)^{n-1}} = \frac{F''(c_2)}{n(n-1)(c_2 - a)^{n-2}}$$

となる $a < c_2 < c_1$ が存在する．これを繰り返し行うと，

$$\frac{F(x)}{(x-a)^n} = \frac{F^{(n)}(c)}{n!} = \frac{f^{(n)}(c)}{n!}$$

となる $a < c < x$ が存在する．これを $F(x)$ の定義式で書き直せばよい． ▮

Taylor の定理において特に $a = 0$ である場合はよく用いられるが，これを Maclaurin の定理という．

定理 2.15 (Maclaurin の定理 (Maclaurin Theorem)) 関数 $f(x)$ は $x = 0$ のまわりで，ある自然数 n に対して C^n 級であるとする．このとき

$$\begin{aligned} f(x) &= \sum_{k=0}^{n-1} \frac{f^{(k)}(0)}{k!} x^k + R_n \\ &= f(0) + \frac{f'(0)}{1!}x + \frac{f''(0)}{2!}x^2 + \cdots + \frac{f^{(n-1)}(0)}{(n-1)!}x^{n-1} + R_n \end{aligned}$$

が成り立つ．ここで誤差 R_n は x と 0 の間のある c に対して

$$R_n = \frac{f^{(n)}(c)}{n!} x^n$$

を満たす．

例題 2.19 $f(x) = \sqrt[3]{1-x}$ に Maclaurin の定理を $n = 3$ として適用せよ．ここで，$0 < x \leqq 1$．

解答

$$\begin{aligned} f'(x) &= -\frac{1}{3}(1-x)^{-2/3}, \\ f''(x) &= -\frac{2}{9}(1-x)^{-5/3}, \\ f'''(x) &= -\frac{10}{27}(1-x)^{-8/3} \end{aligned}$$

より

$$f(0) = 1, \quad f'(0) = -\frac{1}{3}, \quad f''(0) = -\frac{2}{9}.$$

したがって

$$\begin{aligned}\sqrt[3]{1-x} &= 1 - \frac{1}{1!}\frac{1}{3}x - \frac{1}{2!}\frac{2}{9}x^2 - \frac{1}{3!}\frac{10}{27}(1-c)^{-8/3}x^3 \\ &= 1 - \frac{1}{3}x - \frac{1}{9}x^2 - \frac{5(1-c)^{-8/3}}{81}x^3\end{aligned}$$

ここで c は $0 < c < x$ を満たすある実数である. ▮

Taylor の定理において $n \to \infty$ のとき剰余項 $R_n \to 0$ となるならば, 関数 $f(x)$ は無限級数で表すことができる. これを関数 $f(x)$ の $x = a$ のまわりでの Taylor 展開 (Taylor expansion) という. 特に $x = 0$ のまわりでの展開を Maclaurin 展開 (Maclaurin expansion) という.

定理 2.16 (Taylor 展開)　関数 $f(x)$ は C^∞ 級の関数とする. 定理 2.14 において $n \to \infty$ のとき $R_n \to 0$ ならば

$$\begin{aligned}f(x) &= f(a) + \frac{f'(a)}{1!}(x-a) + \frac{f''(a)}{2!}(x-a)^2 + \cdots + \frac{f^n(a)}{n!}(x-a)^n + \cdots \\ &= \sum_{n=0}^{\infty} \frac{f^{(n)}(a)}{n!}(x-a)^n\end{aligned}$$

となる. 特に $a = 0$ のとき

$$\begin{aligned}f(x) &= f(0) + \frac{f'(0)}{1!}x + \frac{f''(0)}{2!}x^2 + \cdots + \frac{f^n(0)}{n!}x^n + \cdots \\ &= \sum_{n=0}^{\infty} \frac{f^{(n)}(0)}{n!}x^n\end{aligned}$$

である.

例 2.6　$f(x) = e^x$ の $x = 0$ における Maclaurin 展開を求める. 任意の n について $f^{(n)}(x) = e^x$ だから $f^{(n)}(0) = 1$. だから Taylor の定理により

$$e^x = 1 + x + \frac{x^2}{2!} + \frac{x^3}{3!} + \cdots + \frac{x^{n-1}}{(n-1)!} + \frac{e^c}{n!}x^n.$$

ここで c は 0 と x の間の値である. 例 1.14 と同様にして

$$\lim_{n \to \infty} \frac{x^n}{n!} = 0$$

となることが示されるので,

$$\begin{aligned}e^x &= 1 + x + \frac{x^2}{2!} + \frac{x^3}{3!} + \cdots + \frac{x^n}{n!} + \cdots \\ &= \sum_{n=0}^{\infty} \frac{x^n}{n!}\end{aligned}$$

例 2.7 $\sin x$ の Maclaurin 展開を求める．$f(x)=\sin x$ とすると，0 以上の整数 k に対して

$$f^{(n)}(0)=\begin{cases}1 & n=4k+1 \text{ のとき,}\\ -1 & n=4k+3 \text{ のとき,}\\ 0 & n=2k \text{ のとき}\end{cases}$$

だから，Taylor の定理により

$$\sin x = x-\frac{x^3}{3!}+\frac{x^5}{5!}-\cdots+R_n$$

であり，剰余項は

$$R_n=\frac{x^n}{n!}\sin\left(\theta x+\frac{n\pi}{2}\right)$$

である．ここで任意の n に対して

$$\lim_{n\to\infty}\frac{x^n}{n!}=0$$

だから

$$\begin{aligned}\sin x &= x-\frac{x^3}{3!}+\frac{x^5}{5!}-\frac{x^7}{7!}+\cdots\\ &=\sum_{n=0}^{\infty}(-1)^n\frac{x^{2n+1}}{(2n+1)!}\end{aligned}$$

となる．

例題 2.20 $\cos x$ の Maclaurin 展開を求めよ．

解答 $f(x)=\cos x$ とすると，0 以上の整数 k に対して

$$f^{(n)}(0)=\begin{cases}1 & n=4k \text{ のとき,}\\ -1 & n=4k+2 \text{ のとき,}\\ 0 & n=2k+1 \text{ のとき}\end{cases}$$

だから，Taylor の定理により

$$\cos x = 1-\frac{x^2}{2!}+\frac{x^4}{4!}-\cdots+R_n$$

であり，剰余項は

$$R_n=\frac{x^n}{n!}\cos\left(\theta x+\frac{n\pi}{2}\right)$$

である．ここで任意の n に対して

$$\lim_{n\to\infty}\frac{x^n}{n!}=0$$

だから

$$\cos x = 1-\frac{x^2}{2!}+\frac{x^4}{4!}-\frac{x^6}{6!}+\cdots$$

$$= \sum_{n=0}^{\infty} (-1)^n \frac{x^{2n}}{(2n)!}$$

となる. ▮

Taylor 展開は剰余項 R_n が 0 に収束するときのみ存在する. 上の 3 つの例では任意の x について剰余項が 0 に収束するが, しかし以下の例のように, 制限された x の値に対してのみ剰余項が 0 に収束する場合がある. 章末問題を参照.

例題 2.21　以下の関数の Maclaurin 展開を求めよ. ただし, 級数が収束することは仮定してもよい.

(1)　$\sqrt{1+x}$　　(2)　$\dfrac{1}{1+x}$

解答　(1)　$f(x) = \sqrt{1+x} = (1+x)^{1/2}$ とすると,

$$f'(x) = \frac{1}{2}(1+x)^{-1/2}$$
$$f''(x) = -\frac{1}{2}\frac{1}{2}(1+x)^{-3/2} = -\frac{1}{2^2}(1+x)^{-3/2}$$
$$f'''(x) = (-1)^2\frac{3}{2}\frac{1}{2^2}(1+x)^{-5/2} = (-1)^2\frac{3}{2^3}(1+x)^{-5/2}$$
$$\cdots$$
$$f^{(n)}(x) = (-1)^{n-1}\frac{(2n-3)(2n-5)\cdots 3}{2^n}(1+x)^{-(2n-1)/2}$$

だから

$$\sqrt{1+x} = 1 + \frac{1}{2}x - \frac{1}{2\cdot 2^2}x^2 + \cdots + (-1)^{n-1}\frac{(2n-3)(2n-5)\cdots 3}{n!\cdot 2^n}x^n + \cdots$$

である.

(2)　$f(x) = \dfrac{1}{1+x} = (1+x)^{-1}$ とすると,

$$f'(x) = -(1+x)^{-2}$$
$$f''(x) = (-1)^2 2(1+x)^{-3}$$
$$\cdots$$
$$f^{(n)}(x) = (-1)^n n!(1+x)^{-(n+1)}$$

だから

$$\frac{1}{1+x} = 1 - x + x^2 + \cdots + (-1)^n x^n + \cdots$$

である. ▮

多くの場合に, Taylor の定理で与えられる多項式の次数をあげるほど $x = a$ の近くでは近似の精度が良くなっていく. 例えば $\sin x$ を近似する多項式のグラフは以下のとおりである.

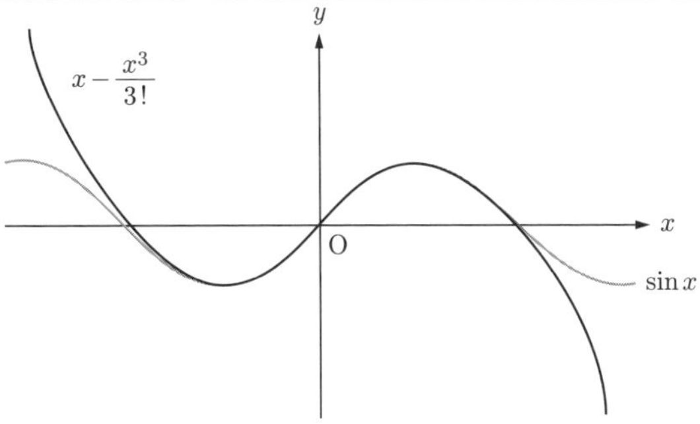

図 **2.4** $\sin x$ の 3 次多項式での近似

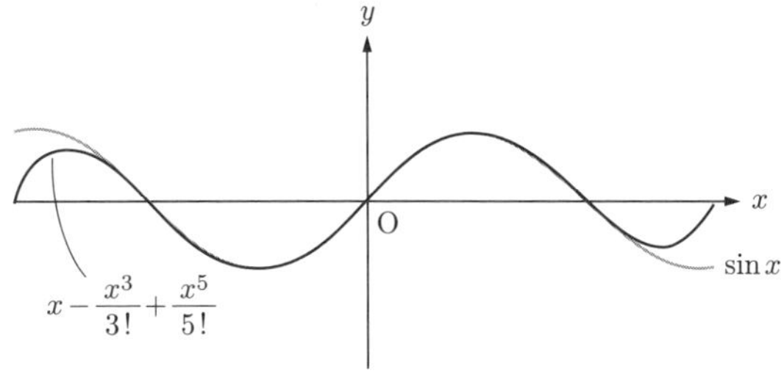

図 **2.5** $\sin x$ の 5 次多項式での近似

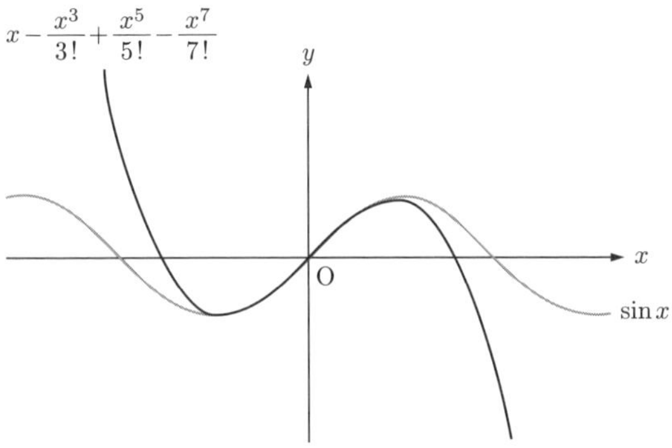

図 **2.6** $\sin x$ の 7 次多項式での近似

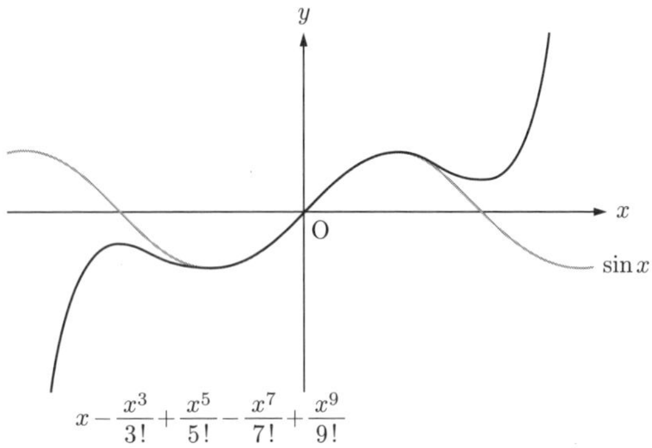

図 **2.7** $\sin x$ の 9 次多項式での近似

2.4.2 Taylor の定理の応用：近似値の計算

では次に，Taylor の定理によって初等関数で与えられる数値の近似値を求める方法を考えよう．

例 2.8 $\sqrt{1.01}$ の近似値を求める．Maclaurin の定理において，関数 $f(x)=\sqrt{1+x}$，$x=0.01$，$n=3$ とすれば，ある $0<c<0.01$ に対して

$$\sqrt{1+x}=1+\frac{1}{2}x-\frac{1}{8}x^2+\frac{1}{16}(1+c)^{-\frac{5}{2}}x^3.$$

まず，$1+\frac{1}{2}x-\frac{1}{8}x^2$ に $x=0.01$ を代入すると

$$1+\frac{1}{2}\times 0.01-\frac{1}{8}\times(0.01)^2=1.0049875.$$

次に x の 3 次の項で与えられた誤差を評価する．$0<c<0.01$ なので

$$\left|(1+c)^{-\frac{5}{2}}\right|<1.$$

だから

$$\left|\frac{1}{16}(1+c)^{-\frac{5}{2}}(0.01)^3\right|<\frac{1}{16}(0.01)^3=0.0000000625.$$

したがって

$$1.0049875<\sqrt{1.01}<1.0049875+0.0000000625=1.0049875625.$$

例題 2.22　$f(x) = e^x$ に3次までの MacLaurin の定理を適用して $e^{0.1}$ の近似値を求めよ．またそのときの誤差を評価せよ．

解答　e^x に Maclaurin の定理を適用すると

$$e^x = 1 + x + \frac{1}{2}x^2 + \frac{1}{3!}x^3 + \frac{e^{\theta x}}{4!}x^4, \quad 0 < \theta < 1$$

である．ここで $x = 0.1$ とおくと $1 + x + x^2/2 + x^3/(3!)$ は

$$1 + 0.1 + \frac{1}{2} \times 0.01 + \frac{1}{6} \times 0.001 = 1.105166\cdots$$

このとき定理 1.6 の証明により $e^{0.1} < e \leqq 3$ なので

$$\frac{e^{0.1\theta}}{4!}(0.1)^4 < \frac{e^{0.1}}{4!}(0.1)^4 < \frac{3}{4!}(0.1)^4 = 0.0000125.$$

したがって，

$$1.105166666\cdots < e^{0.1} < 1.105179166\cdots$$

■

2.4.3　漸近展開

Taylor の定理における剰余項は関数を多項式で近似した時の誤差とみなすことができるが，この値を大雑把に評価するために，Landau の記号を導入する．

定義 2.5 (Landau の記号 (Landau symbol))　$x = a$ の周りで定義された2つの関数 $f(x)$, $g(x)$ に対して，

$$\lim_{x \to a} \frac{f(x)}{g(x)} = 0$$

が成り立つとき，これを

$$f(x) = o(g(x)) \quad (x \to a)$$

で表す．この記号を Landau の記号または o-記法という．

特に $f(x) = o(1) \quad (x \to a)$ のとき，

$$\lim_{x \to a} f(x) = 0$$

である．

例 2.9　$\cos x - 1 = o(x) \quad (x \to 0)$．なぜならば，$\cos x$ に Taylor の定理（定理 2.14）を $a = 0$, $n = 2$ として適用すると，x と 0 の間にある c について

$$\cos x = 1 - \frac{\cos c}{2!}x^2$$

であり，この剰余項について

$$\frac{\cos c}{2!}x^2 = o(x) \quad (x \to 0)$$

が成り立つからである．

例 2.10 $\sin x - x = o(x) \quad (x \to 0)$.

関数 $f(x)$, $g(x)$ について $f(x) - g(x) = o(x^n)$ のとき，$f(x) = g(x) + o(x^n)$ と表すこともある．ただし $o(g(x))$ は $f(x) = o(g(x))$ であるような $f(x)$ をまとめて表しているようなものであるので，関数や式そのものとして扱うことはできないことがある．例えば例 2.9 および例 2.10 から

$$\cos x - 1 = \sin x - x$$

とすることはできない．

Maclaurin の定理から以下のことがわかる．これを関数の漸近展開という．

定理 2.17 (漸近展開) 関数 $f(x)$ が $x = 0$ を含むある区間で C^n 級であるとする．このとき

$$f(x) = f(0) + \frac{f'(0)}{1!}x + \frac{f''(0)}{2!}x^2 + \cdots + \frac{f^{(n)}(0)}{n!}x^n + o(x^n)$$

が成り立つ．

Landau の記号については以下の規則が成り立つ．

定理 2.18 $x \to 0$ のとき以下の規則が成り立つ．

(1) $o(x^m)o(x^n) = o(x^{m+n})$,

(2) $x^m o(x^n) = o(x^{m+n})$,

(3) $m \geqq n$ のとき $o(x^m) \pm o(x^n) = o(x^m)$,

(4) 定数 C に対して $C \cdot o(x^n) = o(x^n)$.

例題 2.23 漸近展開を用いて次の極限値を求めよ．

$$\lim_{x \to 0} \frac{x - \sin x}{x^3}.$$

解答 定理 2.17 により，

$$\sin x = x - \frac{x^3}{6} + o(x^3)$$

だから，

$$\frac{x - \sin x}{x^3} = \frac{x - \left(x - \dfrac{x^3}{6} + o(x^3)\right)}{x^3} = \frac{1}{6} + o(1).$$

よって

$$\lim_{x\to 0}\frac{x-\sin x}{x^3}=\lim_{x\to 0}\left(\frac{1}{6}+o(1)\right)=\frac{1}{6}.$$

∎

2.4.4　極大極小

関数の挙動を調べるためには極値を求めることが重要である．直感的には 2 階微分係数を用いて増減表を考えることで極値判定を行うことができるが，ここでは漸近展開から極値判定を行う方法について考える．まず，極値の定義を与えよう．

定義 2.6　関数 $f(x)$ は $x=a$ のまわりで定義されているとする．このとき $x=a$ を含むある区間において $x\neq a$ なら $f(x)<f(a)$ $(f(x)>f(a))$ であるとき，$f(x)$ は $x=a$ において極大（極小）であるといい，その値を極大値（極小値）という．極大値と極小値をまとめて極値という．

関数の極値をとる点を求めるには，微分係数が 0 になる点を調べればよかった．つまり

定理 2.19　関数 $y=f(x)$ が $x=a$ で極値をとるなら，$f'(a)=0$ である．

では $f'(a)=0$ となる点 a で極値をとるための条件と，漸近展開を用いた証明を述べる．

定理 2.20 (極値判定)　関数 $f(x)$ は $x=a$ のまわりで C^2 級であり，$f'(a)=0$ であるとする．このとき

(1)　$f''(a)<0$ なら $f(x)$ は $x=a$ で極大，

(2)　$f''(a)>0$ なら $f(x)$ は $x=a$ で極小．

証明　(1)　Taylor の定理において $n=2$ とおくと

$$f(x)=f(a)+f'(a)(x-a)+\frac{1}{2}f''(c)(x-a)^2.$$

ここで，c は x と a の間にある実数である．仮定より $f'(a)=0$ だから

$$f(x)-f(a)=\frac{1}{2}f''(c)(x-a)^2.$$

x は a に十分近いとすれば c も a に十分近いので，さらに $f''(x)$ は連続だから，$f''(a)<0$ ならば $f''(c)<0$. したがって

$$f(x)-f(a)<0.$$

ゆえに $f(a)$ は極大値である．(2) も同様である．∎

例 2.11　関数 $f(x)=\dfrac{\log_e x}{x}$ $(x>0)$ の極値を求めよう．

$$f'(x)=\frac{\frac{1}{x}\cdot x-\log_e x\cdot 1}{x^2}=\frac{1-\log_e x}{x^2}$$

だから $f'(x)=0$ となるのは $x=e$ のときである．ここで

$$f''(x)=\frac{-\frac{1}{x}\cdot x^2-(1-\log_e x)\cdot 2x}{x^4}=\frac{2\log_e x-3}{x^3}$$

だから

$$f''(e)=-\frac{1}{e^3}<0$$

である．したがって $f(x)$ は $x=e$ で極大値 $f(e)=\dfrac{1}{e}$ をとる．

例題 2.24　次の関数の極値判定をせよ．
(1)　$f(x)=\dfrac{1}{x^2-1}$　　(2)　$f(x)=x^2e^{-x}$

解答　(1)　$f(x)=\dfrac{1}{x^2-1}$ を微分すると

$$f'(x)=-\frac{2x}{(x^2-1)^2}$$

だから $f'(x)=0$ となるのは $x=0$ のときである．このとき

$$f''(x)=\frac{2(3x^2+1)}{(x^2-1)^3}$$

より，$f''(0)=-2<0$ だから $f(x)$ は $x=0$ で極大値 -1 をとる．

(2)　$f(x)=x^2e^{-x}$ を微分すると $f'(x)=x(2-x)e^{-x}$ だから $f'(x)=0$ のとき $x=0,2$．このとき $f''(x)=(x^2-4x+2)e^{-x}$ だから

1.　$x=0$ のとき $f''(0)=2>0$ より 極小値 0 をとる．
2.　$x=2$ のとき $f''(2)=-2e^{-2}<0$ より 極大値 $4e^{-2}$ をとる．　▮

章末問題

2.1　関数

$$f(x) = \begin{cases} \dfrac{xe^{1/x}}{1+e^{1/x}} & x \neq 0 \text{ のとき}, \\ 0 & x = 0 \text{ のとき}, \end{cases}$$

が $x=0$ で微分可能かどうかを調べよ.

解答　極限値

$$\lim_{h\to 0} \frac{f(h)-f(0)}{h} = \lim_{h\to 0} \frac{e^{1/h}}{1+e^{1/h}}$$

が存在するかどうかを調べる. いま $\displaystyle\lim_{h\to +0} \frac{1}{e^{1/h}} = 0$ だから

$$\lim_{h\to +0} \frac{f(h)-f(0)}{h} = \lim_{h\to +0} \frac{1}{1+e^{-1/h}} = 1$$

であり,

$$\lim_{h\to -0} \frac{f(h)-f(0)}{h} = \lim_{h\to -0} \frac{e^{1/h}}{1+e^{1/h}} = 0$$

したがって, この極限は存在しないので, $f(x)$ は $x=0$ で微分可能でない. ∎

2.2　次の関数の導関数を求めよ.

(1)　$\cos^{-1} \dfrac{x-1}{x+1}$　　(2)　$x \tan^{-1} x - \log_e \sqrt{1+x^2}$

(3)　$\dfrac{x}{\sqrt{1-x^2}} \sin^{-1} x + \dfrac{1}{2} \log_e (1-x^2)$

解答　(1)

$$\begin{aligned}\left(\cos^{-1} \frac{x-1}{x+1}\right)' &= -\frac{1}{\sqrt{1-\left(\frac{x-1}{x+1}\right)^2}} \left(\frac{x-1}{x+1}\right)' \\ &= -\frac{x+1}{\sqrt{4x}} \frac{2}{(x+1)^2} \\ &= -\frac{1}{(x+1)\sqrt{x}}\end{aligned}$$

(2)

$$\begin{aligned}(x \tan^{-1} x - \log_e \sqrt{1+x^2})' &= \tan^{-1} x + \frac{x}{1+x^2} - \frac{x}{1+x^2} \\ &= \tan^{-1} x\end{aligned}$$

(3)

$$\begin{aligned}\left(\frac{x}{\sqrt{1-x^2}} \sin^{-1} x + \frac{1}{2} \log_e (1-x^2)\right)' &= \frac{1}{(1-x^2)^{3/2}} \sin^{-1} x + \frac{x}{1-x^2} + \frac{-2x}{2(1-x^2)} \\ &= \frac{\sin^{-1} x}{(1-x^2)^{3/2}}\end{aligned}$$

∎

2.3　関数 $f(x)=e^x\sin x$ の n 次導関数を求めよ．

解答　$f'(x)=e^x(\sin x+\cos x)$, $f''(x)=2e^x\cos x$, $f'''(x)=-2e^x(\sin x-\cos x)$, これを繰り返すと，$k\geqq 0$ について

$$f^{(4k)}(x)=(-1)^k2^{2k}e^x\sin x,\qquad f^{(4k+1)}(x)=(-1)^k2^{2k}e^x(\sin x+\cos x),$$
$$f^{(4k+2)}(x)=(-1)^k2^{2k+1}\cos x,\qquad f^{(4k+3)}(x)=(-1)^{k+1}2^{2k+1}e^x(\sin x-\cos x).$$

2.4　関数 $\sinh x$ と $\cosh x$ を

$$\sinh x=\frac{e^x+e^{-x}}{2},\ \cosh x=\frac{e^x-e^{-x}}{2}$$

によって定めるとき，これらの関数の Taylor 展開を n 次の項まで求めよ．

解答

$$(\sinh x)^{(n)}=\begin{cases}\sinh(x) & n\text{ が偶数のとき},\\ \cosh(x) & n\text{ が奇数のとき},\end{cases}\qquad (\cosh x)^{(n)}=\begin{cases}\cosh(x) & n\text{ が偶数のとき},\\ \sinh(x) & n\text{ が奇数のとき},\end{cases}$$

より

$$(\sinh x)^{(n)}(0)=\begin{cases}1 & n\text{ が偶数のとき},\\ 0 & n\text{ が奇数のとき},\end{cases}\qquad (\cosh x)^{(n)}(0)=\begin{cases}0 & n\text{ が偶数のとき},\\ 1 & n\text{ が奇数のとき},\end{cases}$$

したがって

$$\sinh x=1+\frac{x^2}{2!}+\frac{x^4}{4!}+\cdots+\frac{x^{2n}}{(2n)!}+\cdots$$
$$\cosh x=\frac{x}{1!}+\frac{x^3}{3!}+\cdots+\frac{x^{2n+1}}{(2n+1)!}+\cdots$$

2.5　$0\leqq x<1$ のとき

$$\log_e(1+x)=x-\frac{x^2}{2}+\frac{x^3}{3}-\cdots+(-1)^{n-1}\frac{x^n}{n}+\cdots$$

であることを示せ．

解答　$\log_e(1+x)$ に Maclaurin の定理を適用すると，ある $0<\theta<1$ に対して，

$$\log_e(1+x)=x-\frac{x^2}{2}+\frac{x^3}{3}-\cdots+(-1)^{n-2}\frac{x^{n-1}}{n-1}+(-1)^{n-1}\frac{x^n}{n(1+\theta x)^n}.$$

ここで $0\leqq x<1$ のとき

$$\left|(-1)^{n-1}\frac{x^n}{n(1+\theta x)^n}\right|=\frac{1}{n}\left(\frac{x}{1+\theta x}\right)^n\leqq\frac{1}{n}\to 0\quad(n\to\infty).$$

したがって定理 2.16 より

$$\log_e(1+x)=x-\frac{x^2}{2}+\frac{x^3}{3}-\cdots+(-1)^{n-2}\frac{x^{n-1}}{n-1}+(-1)^{n-1}\frac{x^n}{n}+\cdots$$

が成り立つ．

2.6　$\sin 1^\circ$ の近似値を小数点以下 4 位まで求めよ.

解答　$\sin x$ に Taylor の定理を適用すると

$$\sin x = x - \frac{x^3}{6} + \frac{\sin\theta}{4!}x^4 \quad (0 < \theta < x)$$

だから

$$\sin 1^\circ = \sin\frac{\pi}{180} = \frac{\pi}{180} - \frac{1}{6}\left(\frac{\pi}{180}\right)^3 + \frac{\sin\theta}{4!}\left(\frac{\pi}{180}\right)^4 \quad \left(0 < \theta < \frac{\pi}{180}\right)$$

ここで

$$\left|\frac{\sin\theta}{4!}\left(\frac{\pi}{180}\right)^4\right| \leqq \frac{1}{4!}\left(\frac{\pi}{180}\right)^4 < 1.0 \times 10^{-8}$$

だから,

$$\sin 1^\circ = \sin\frac{\pi}{180} = \frac{\pi}{180} - \frac{1}{6}\left(\frac{\pi}{180}\right)^3 \fallingdotseq 0.01745$$

としてよい. ∎

2.7　漸近展開を用いて, 極限値 $\displaystyle\lim_{x\to 0} f(x) = \frac{x - \log_e(1+x)}{x^2}$ を求めよ.

解答　$\log_e(1+x)$ を漸近展開すると

$$\log_e(1+x) = x - \frac{x^2}{2} + o(x^3)$$

だから $x \to 0$ のとき

$$\frac{x - \log_e(1+x)}{x^2} = \frac{\dfrac{x^2}{2} + o(x^3)}{x^2} = \frac{1}{2} + o(x) \to \frac{1}{2}.$$ ∎

2.8　以下の関数の極値を調べよ.

(1)　$y = x^x$　　(2)　$y = \tan^{-1}x + \dfrac{2x}{1+x^2}$

解答　(1)　$y' = x^x(\log_e x + 1)$ だから $y' = 0$ のとき $x = \dfrac{1}{e}$. 次に $y'' = x^{x-1} + x^x(\log_e x + 1)^2$ だから $x = \dfrac{1}{e}$ とすると $y'' > 0$. したがって $y = x^x$ は $x = \dfrac{1}{e}$ において極小値 $y = e^{-1/e}$ をとる.

(2)　$y' = \dfrac{3 - x^2}{(1+x^2)^2}$ より $y' = 0$ のとき $x = \pm\sqrt{3}$. 次に

$$y'' = \frac{2x(x^2 - 7)}{(1+x^2)^3}$$

より

1.　$x = \sqrt{3}$ において $y'' < 0$ だから, 極大値 $y = \dfrac{3\sqrt{3} + 2\pi}{6}$ をとる.

2.　$x = -\sqrt{3}$ において $y'' > 0$ だから, 極小値 $y = -\dfrac{3\sqrt{3} + 2\pi}{6}$ をとる. ∎

3

2変数関数の微分法（偏微分）

$z=3x+y^2+1$ において，$x=2$ かつ $y=3$ のときは $z=16$ となり，また $x=1$ かつ $y=0$ のときは $z=4$ となる．このように x と y の2つの値が決まると z の値が決まるとき，x と y から z へのこの対応を x と y の2変数関数 (function of two variables) という．また，2変数関数 $z=3x+y^2+1$ や2変数関数 $3x+y^2+1$ ともいう．一般的に x と y の2変数関数を次のように表す．

$$z=f(x,\,y).$$

上の例では $f(x,\,y)=3x+y^2+1$ であり，$x=2$ かつ $y=3$ のときの z の値は

$$f(2,\,3)=3\cdot 2+3^2+1=16$$

となり，上で求めた値 16 と一致する．

3.1　領域と2変数関数のグラフ

x と y の値を決めれば xy 平面上の点 $\mathrm{P}(x,\,y)$ が定まるので，2変数関数の定義域は xy 平面上の**領域** (domain) と呼ばれる部分集合とみなせる．xy 平面上の領域 D が，領域 D の内部の点すべてとその境界上の点すべてからなるとき，領域 D は**閉領域** (closed domain) であると呼ばれる．また，領域 D が原点を中心とする十分大きな半径をもつ円に含まれるとき，領域 D は**有界** (bounded) であると呼ばれる．領域の例をいくつか挙げる．

例 3.1　x 座標が 1 以上かつ 3 以下であり，また y 座標が 0 以上かつ 4 以下である点 $\mathrm{P}(x,\,y)$ の全体からなる領域 D_1（図 3.1 参照）

$$D_1=\{(x,\,y):1\leqq x\leqq 3,\quad 0\leqq y\leqq 4\}.$$

D_1 は横の長さが 2 で縦の長さが 4 となる長方形の内部とその境界からなる領域なので，閉領域である．また，原点を中心とする半径が 6 の円に含まれるので，D_1 は有界である．

例 3.2　x 座標と y 座標が $x^2+y^2\leqq 9$ を満たす点 $\mathrm{P}(x,\,y)$ の全体からなる領域 D_2（図 3.2 参照）

$$D_2=\{(x,\,y):x^2+y^2\leqq 9\}.$$

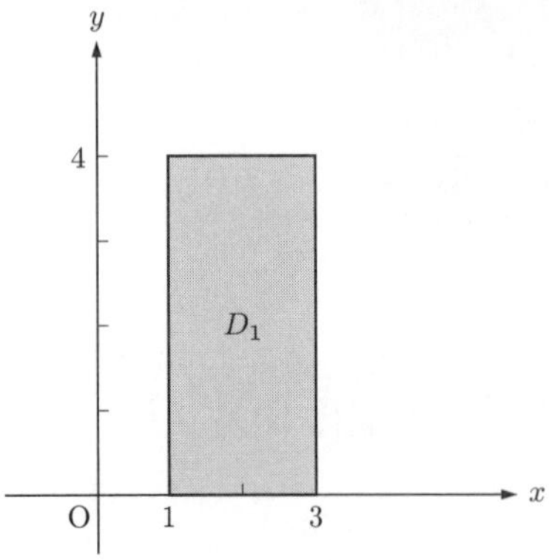

図 3.1

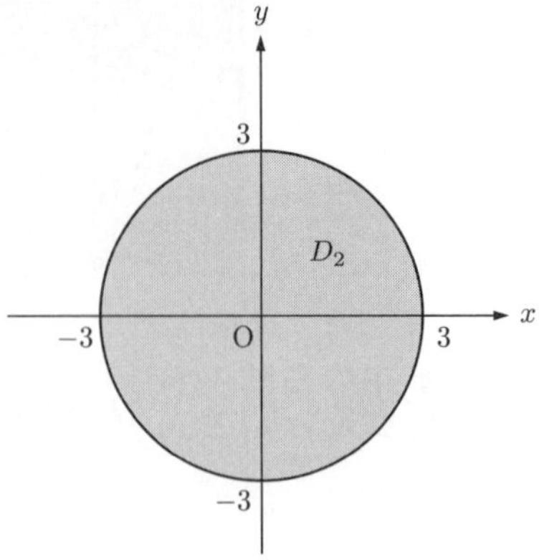

図 3.2

D_2 は，中心が原点で半径が 3 の円の内部とその境界からなる領域なので閉領域である．また，原点を中心とする半径が 4 の円に含まれるので，D_2 は有界である．

例 3.3　x 座標と y 座標が $x^2+y^2<9$ を満たす点 $\mathrm{P}(x,\,y)$ の全体からなる領域 D_3（図 3.3 参照）

$$D_3=\{(x,\,y):x^2+y^2<9\}\,.$$

D_3 は，中心が原点で半径が 3 の円の内部からなる領域である．ただし，その境界は含まないので閉領域ではない．しかし原点を中心とする半径が 4 の円に含まれるので，D_3 は有界である．

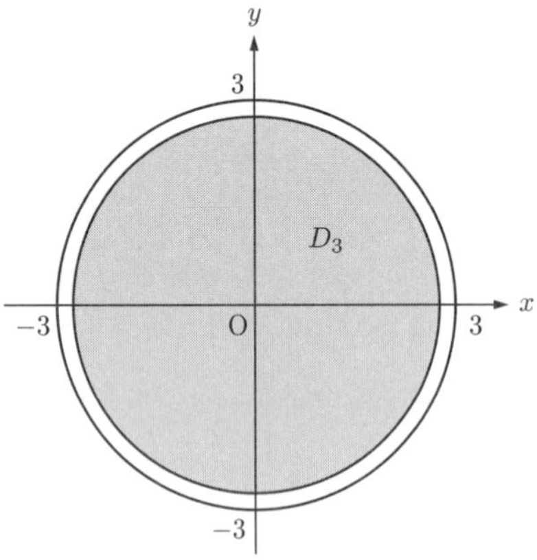

図 3.3

例 3.4　xy 平面全体 $\mathbb{R}^2$．領域 $\mathbb{R}^2$ はどんなに大きな半径の円にも含まれないので有界ではない．

いろいろな 2 変数関数のグラフを以下に列挙する．

例 3.5　図 3.4 は 2 変数関数 $z=3x+y^2+1$ のグラフ．

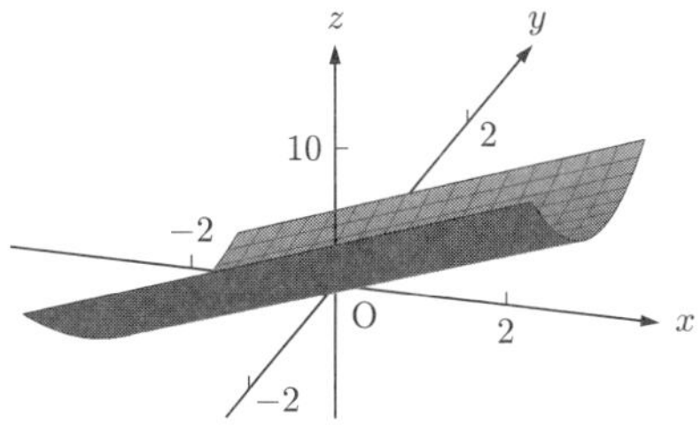

図 3.4

例 3.6 図 3.5 は 2 変数関数 $z = x^2 + y^2$ のグラフ.

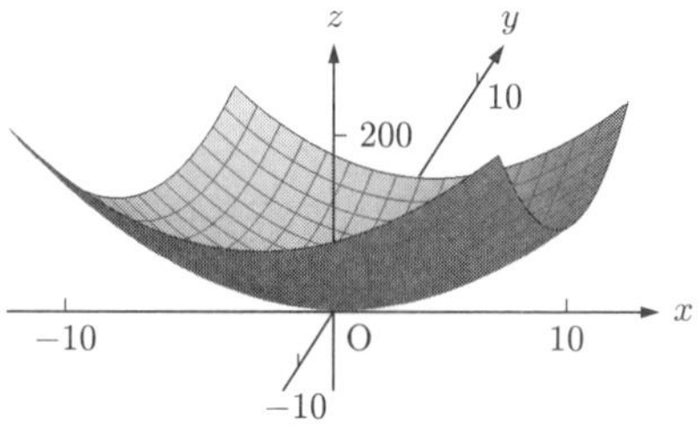

図 3.5

例 3.7 図 3.6 は 2 変数関数 $z = x^2 - y^2$ のグラフ.

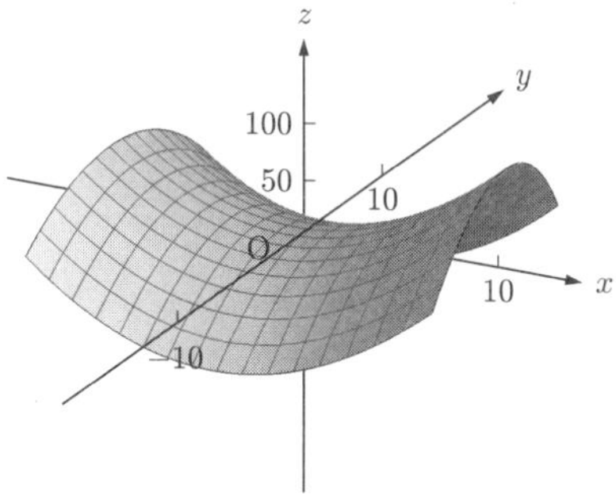

図 3.6

例 3.8 図 3.7 は 2 変数関数 $z = -2x - y + 3$ のグラフ. このグラフは平面となる.

以上の例のように, 2 変数関数のグラフは一般的に xyz 空間における曲面となる. このため, x と y の 2 変数関数 $z = f(x, y)$ のグラフを曲面 $z = f(x, y)$ ともいう.

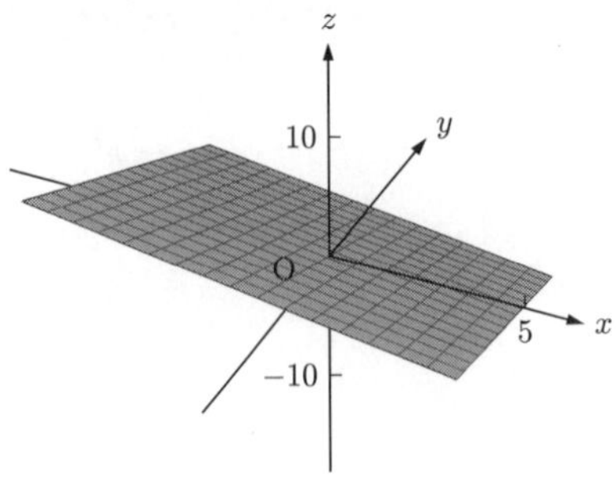

図 3.7

3.2　2 変数関数の極限値

xy 平面上の領域 D で定義された 2 変数関数を $z = f(x, y)$ とし，また領域 D の点を (a, b) とする．D の点 (x, y) がどのように点 (a, b) に近づいても 2 変数関数 $f(x, y)$ の値が，ある一定の値 c に限りなく近づくとする．ここで，c の値は点 (x, y) の点 (a, b) への近づき方によらないとする．このとき，点 (x, y) が点 (a, b) に近づくときの 2 変数関数 $f(x, y)$ の**極限値** (limit) は c であるといい，

$$\lim_{(x,\, y) \to (a,\, b)} f(x, y) = c$$

と表す．図 3.8 参照．

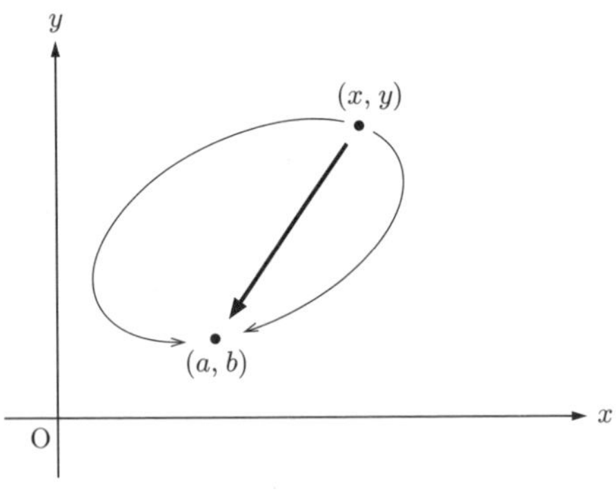

図 3.8

例 3.9　xy 平面全体 $\mathbb{R}^2$ で定義された 2 変数関数 $f(x, y) = \dfrac{x^2}{\sqrt{x^2 + y^2}}$ の，点 (x, y) が原点に近づくときの極限値は 0 である．なぜなら，

$$\frac{x^2}{\sqrt{x^2 + y^2}} = r \cos^2 \theta$$

において，xy 座標の代りに平面極座標 $r,\ \theta\ \ (r \geqq 0)$ を使う．3.7 節の図 3.16 を参照．ここで，

$x = r\cos\theta$, $y = r\sin\theta$ であり，点 (x, y) が原点に限りなく近づくときは $r \to 0$ なので，

$$\lim_{(x,y)\to(0,0)} \frac{x^2}{\sqrt{x^2+y^2}} = \lim_{r\to 0} r\cos^2\theta = 0$$

となるからである．図 3.9 はこの関数の原点付近でのグラフである．

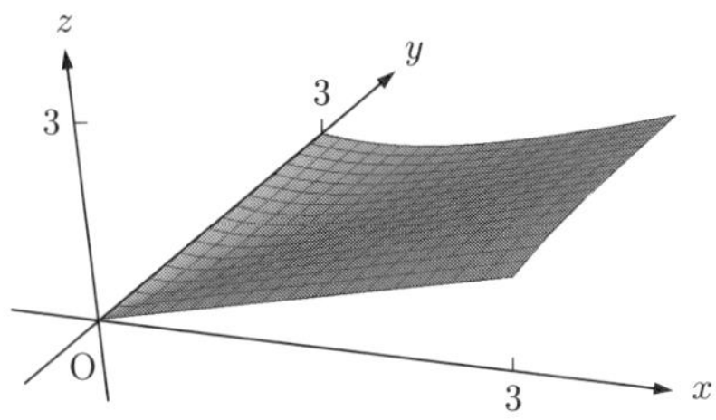

図 3.9

例題 3.1　xy 平面全体 $\mathbb{R}^2$ で定義された 2 変数関数 $g(x, y) = \dfrac{x}{\sqrt{x^2+y^2}}$ の，点 (x, y) が原点に近づくときの極限値を求めよ．

解答　実は，このような極限値は存在しない．なぜなら，平面極座標を使うと

$$\frac{x}{\sqrt{x^2+y^2}} = \cos\theta.$$

もし，点 (x, y) が x 軸に沿って正の側から原点に限りなく近づけば，$\theta = 0$ なので，

$$\frac{x}{\sqrt{x^2+y^2}} = \cos 0 = 1 \to 1.$$

次に，点 (x, y) が y 軸に沿って正の側から原点に限りなく近づけば，$\theta = \pi/2$ なので，

$$\frac{x}{\sqrt{x^2+y^2}} = \cos\frac{\pi}{2} = 0 \to 0.$$

このように，点 (x, y) が x 軸に沿って原点に近づいたときの値と y 軸に沿って原点に近づいたときの値が異なるため，点 (x, y) が原点に近づくときの極限値は存在しない．図 3.10 はこの関数の原点付近でのグラフである．

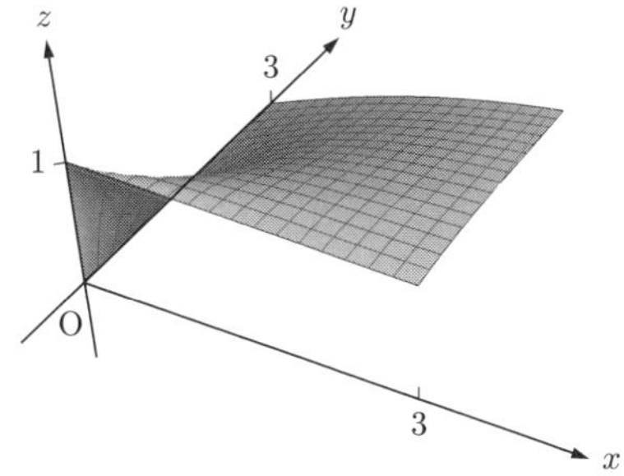

図 3.10

3.3　2変数関数の連続性

定義 3.1　xy 平面上の領域 D で定義された2変数関数を $z = f(x, y)$ とし，また領域 D の点を (a, b) とする．

(1)　2変数関数 $f(x, y)$ が点 (a, b) において，有限の値 $f(a, b)$ をとる．

(2)　点 (x, y) が点 (a, b) に近づくときの2変数関数 $f(x, y)$ の極限値が存在する．

(3)　上の (1) における値と (2) における値が等しい．すなわち，

$$f(a, b) = \lim_{(x, y)\to(a, b)} f(x, y).$$

このとき，2変数関数 $f(x, y)$ は点 (a, b) において連続 (continuous) であるという．連続ではないとき，2変数関数 $f(x, y)$ は点 (a, b) において不連続であるという．また，2変数関数 $f(x, y)$ が領域 D のすべての点において連続であるとき，2変数関数 $f(x, y)$ は領域 D において連続であるという．

例 3.10　前節で扱った2変数関数 $f(x, y) = \dfrac{x^2}{\sqrt{x^2+y^2}}$ は xy 平面全体 $\mathbb{R}^2$ で定義されていた．ただし，原点では $f(0, 0) = 0$ とする．前節での結論から，この2変数関数 $f(x, y) = \dfrac{x^2}{\sqrt{x^2+y^2}}$ は原点において連続となる．しかし，もし原点で $f(0, 0) = 2$ とすれば $f(0, 0) \neq \displaystyle\lim_{(x, y)\to(0, 0)} f(x, y)$ なので，このときは原点において連続でなくなる．

例 3.11　この2変数関数 $f(x, y) = \dfrac{x^2}{\sqrt{x^2+y^2}}$ は原点以外の点においては連続である．すぐ下の例題を参照．

例題 3.2　原点以外の点として，例えば点 $(1, 2)$ を選ぼう．すぐ上の2変数関数 $f(x, y) = \dfrac{x^2}{\sqrt{x^2+y^2}}$ が点 $(1, 2)$ において連続であることを示せ．

解答　点 $(1, 2)$ における2変数関数 $f(x, y)$ の値は

$$f(1, 2) = \frac{1^2}{\sqrt{1^2+2^2}} = \frac{1}{\sqrt{5}}.$$

次に，点 $(1, 2)$ とは別の点を選び，この点の座標を (x, y) とする．点 (x, y) が点 $(1, 2)$ に近づくときの2変数関数 $f(x, y)$ の極限値が同じ値 $1/\sqrt{5}$ になることを示せばよい．このため，$x-1 = r\cos\theta$，$y-2 = r\sin\theta$ とおけば，点 (x, y) が点 $(1, 2)$ に近づくときは $r \to 0$ になることに注意する．したがって

$$f(x, y) = \frac{(1+r\cos\theta)^2}{\sqrt{(1+r\cos\theta)^2+(2+r\sin\theta)^2}} = \frac{1+2r\cos\theta+r^2\cos^2\theta}{\sqrt{5+2r(\cos\theta+2\sin\theta)+r^2}}$$

$$\to \frac{1+2\cdot 0\cdot\cos\theta+0^2\cdot\cos^2\theta}{\sqrt{5+2\cdot 0\cdot(\cos\theta+2\sin\theta)+0^2}} = \frac{1}{\sqrt{5}} \qquad (r\to 0).$$

ゆえに，2 変数関数 $f(x, y)$ は点 $(1, 2)$ において連続である． ∎

例 3.12 前節で扱ったもう 1 つの 2 変数関数 $g(x, y) = \dfrac{x}{\sqrt{x^2+y^2}}$ は原点での極限値が存在しないので，この 2 変数関数 $g(x, y) = \dfrac{x}{\sqrt{x^2+y^2}}$ は原点において不連続である．しかし，原点以外の点においては連続である．

3.4 偏導関数と偏微分係数

定義 3.2 xy 平面上の領域 D で定義された 2 変数関数を $z = f(x, y)$ とする．y の値を動かさずに定数と考え，この関数を変数 x のみの関数とみなす．そこでこの関数を x について微分して得られる関数を 2 変数関数 $f(x, y)$ の x についての偏導関数 (partial derivative with respect to x) といい，$\dfrac{\partial f}{\partial x}(x, y)$ で表す:

$$\frac{\partial f}{\partial x}(x, y) = \lim_{h\to 0}\frac{f(x+h, y)-f(x, y)}{h}.$$

同様に，今度は x の値を動かさずに定数と考え，変数 y のみの関数とみなして，y について微分して得られる関数を 2 変数関数 $f(x, y)$ の y についての偏導関数 (partial derivative with respect to y) といい，$\dfrac{\partial f}{\partial y}(x, y)$ で表す:

$$\frac{\partial f}{\partial y}(x, y) = \lim_{h\to 0}\frac{f(x, y+h)-f(x, y)}{h}.$$

$\dfrac{\partial f}{\partial x}$ を round d f round d x と，また $\dfrac{\partial f}{\partial y}$ を round d f round d y と読む．

例 3.13 2 変数関数 $f(x, y) = x - 3x^2y + 2y^4$ の x についての偏導関数を求めるには，y を定数と考えて x のみの関数とみなして x について微分すればよいので，

$$\frac{\partial f}{\partial x}(x, y) = \frac{\partial}{\partial x}(x - 3x^2y + 2y^4) = 1 - 6xy.$$

同様に，y についての偏導関数を求めるには，x を定数と考えて y のみの関数とみなして y について微分すればよいので，

$$\frac{\partial f}{\partial y}(x, y) = \frac{\partial}{\partial y}(x - 3x^2y + 2y^4) = -3x^2 + 8y^3.$$

2 変数関数 $f(x, y)$ の x についての偏導関数を求めることを 2 変数関数 $f(x, y)$ を x について偏微分するという．また，2 変数関数 $f(x, y)$ の y についての偏導関数を求めることを 2 変数関数

$f(x, y)$ を y について偏微分するという．

x についての偏導関数を表す他の記号としては $f_x(x, y)$, $\dfrac{\partial z}{\partial x}$, z_x などがある．同様に y についての偏導関数を表す他の記号としては $f_y(x, y)$, $\dfrac{\partial z}{\partial y}$, z_y などがある．

すぐ上の例でもわかるように，x についての偏導関数 $f_x(x, y)$ も y についての偏導関数 $f_y(x, y)$ も共に x と y の 2 変数関数である．x と y の 2 変数関数 $f(x, y)$ を偏微分すれば，さらに 2 つの 2 変数関数 $\dfrac{\partial f}{\partial x}(x, y)$ と $\dfrac{\partial f}{\partial y}(x, y)$ が得られることになる．

領域 D の点 (a, b) における x と y の 2 変数関数 $\dfrac{\partial f}{\partial x}(x, y)$ の値を 2 変数関数 $f(x, y)$ の点 (a, b) における x についての**偏微分係数** (partial derivative with respect to x at (a, b)) といい，次のように表す．

$$\frac{\partial f}{\partial x}(a, b) \quad \left(= \lim_{h \to 0} \frac{f(a+h, b) - f(a, b)}{h}\right)$$

この極限値が存在するとき，2 変数関数 $f(x, y)$ は点 (a, b) において x について偏微分可能であるという．記号 $\dfrac{\partial f}{\partial x}(a, b)$ の他に x についての偏微分係数を表すものとしては $f_x(a, b)$ などがある．

同様に，領域 D の点 (a, b) における x と y の 2 変数関数 $\dfrac{\partial f}{\partial y}(x, y)$ の値を 2 変数関数 $f(x, y)$ の点 (a, b) における y についての**偏微分係数** (partial derivative with respect to y at (a, b)) といい，次のように表す．

$$\frac{\partial f}{\partial y}(a, b) \quad \left(= \lim_{h \to 0} \frac{f(a, b+h) - f(a, b)}{h}\right)$$

この極限値が存在するとき，2 変数関数 $f(x, y)$ は点 (a, b) におけて y について偏微分可能であるという．記号 $\dfrac{\partial f}{\partial y}(a, b)$ の他に y についての偏微分係数を表すものとしては $f_y(a, b)$ などがある．

xyz 空間における曲面 $z = f(x, y)$ 上の点の x 座標を a とし，y 座標を b とすれば z 座標は $f(a, b)$ で与えられるので，曲面 $z = f(x, y)$ 上の点の座標は $(a, b, f(a, b))$ となる．偏微分係数の定義から，偏微分係数 $f_x(a, b)$ や $f_y(a, b)$ は，xyz 空間における曲面 $z = f(x, y)$ 上の点 $(a, b, f(a, b))$ において $z = f(x, y)$ を平面 $y = b$ で切った切り口にできる曲線 $z = f(x, b)$ の $x = a$ における接線の傾きや，$z = f(x, y)$ を平面 $x = a$ で切った切り口できる曲線 $z = f(a, y)$ の $y = b$ のおける接線の傾きに等しいことがわかる．図 3.11 参照．

例 3.14　すぐ上の例で扱った 2 変数関数 $f(x, y) = x - 3x^2y + 2y^4$ の x や y についての偏導関数は，それぞれ

$$\frac{\partial f}{\partial x}(x, y) = 1 - 6xy, \quad \frac{\partial f}{\partial y}(x, y) = -3x^2 + 8y^3$$

であった．したがって，点 $(2, 3)$ における x や y についての偏微分係数は，それぞれ

$$\frac{\partial f}{\partial x}(2, 3) = 1 - 6 \cdot 2 \cdot 3 = -35, \quad \frac{\partial f}{\partial y}(2, 3) = -3 \cdot 2^2 + 8 \cdot 3^3 = 204.$$

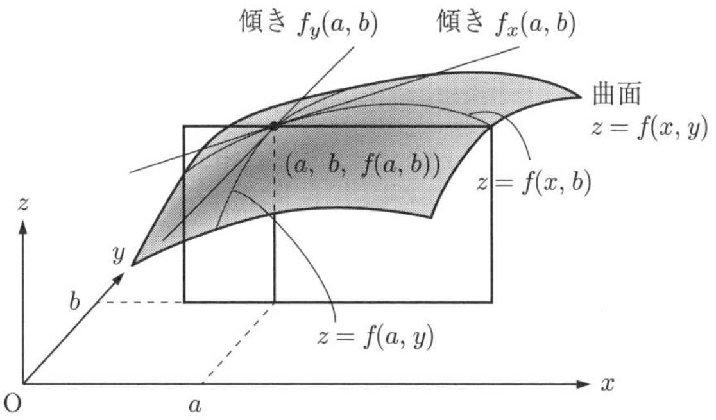

図 3.11

この例でもわかるように，偏導関数は関数であるが，しかし，偏微分係数は関数ではなくて実数値であることに注意.

2 変数関数 $f(x, y)$ が点 (a, b) において x や y について偏微分可能であっても，その点において連続であるとは限らない．また逆に，連続であっても偏微分可能であるとも限らない．例えば，$f(x, y) = \dfrac{xy}{x^2 + y^2}$ を考えよう．ただし，原点では $f(0, 0) = 0$ とする．この 2 変数関数 $f(x, y)$ は原点では偏微分可能であるが，しかし原点では連続ではない（章末問題を参照).

例題 3.3 2 変数関数 $g(x, y) = \tan^{-1} \dfrac{y}{x}$ の x や y についての偏導関数を求めよ．また，2 変数関数 $g(x, y)$ の点 $(1, \sqrt{3})$ における x や y についての偏微分係数を求めよ.

解答 $(\tan^{-1} t)' = \dfrac{1}{1 + t^2}$ を思い出そう．したがって，偏導関数は

$$\frac{\partial g}{\partial x}(x, y) = \frac{1}{1 + (y/x)^2} \cdot \frac{\partial}{\partial x}\left(\frac{y}{x}\right) = \frac{1}{1 + (y/x)^2} \cdot \left(-\frac{y}{x^2}\right) = -\frac{y}{x^2 + y^2},$$
$$\frac{\partial g}{\partial y}(x, y) = \frac{1}{1 + (y/x)^2} \cdot \frac{\partial}{\partial y}\left(\frac{y}{x}\right) = \frac{1}{1 + (y/x)^2} \cdot \left(\frac{1}{x}\right) = \frac{x}{x^2 + y^2}.$$

次に，点 $(1, \sqrt{3})$ における偏微分係数は

$$\frac{\partial g}{\partial x}(1, \sqrt{3}) = -\frac{\sqrt{3}}{1^2 + \sqrt{3}^2} = -\frac{\sqrt{3}}{4},$$
$$\frac{\partial g}{\partial y}(1, \sqrt{3}) = \frac{1}{1^2 + \sqrt{3}^2} = \frac{1}{4}.$$

■

3.5 接平面の方程式

xyz 空間における平面の方程式を求めよう．図 3.12 を参照.

補題 3.1 xyz 空間の点 (a, b, c) を通り，ベクトル (α, β, γ) と垂直な平面の方程式は $\alpha(x - a) + \beta(y - b) + \gamma(z - c) = 0$.

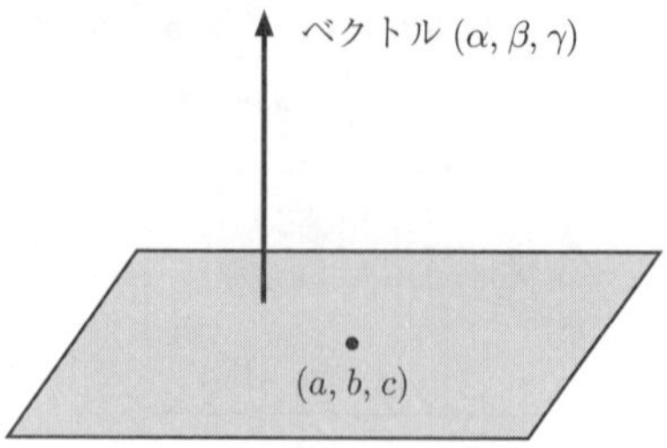

図 3.12

証明　求める平面上の任意の点を点 (x, y, z) とする．ベクトル (α, β, γ) は，この平面と垂直なので，この平面上のベクトル $(x-a, y-b, z-c)$ と直交する．ゆえにベクトル (α, β, γ) とベクトル $(x-a, y-b, z-c)$ の内積が 0 となるので，$\alpha(x-a)+\beta(y-b)+\gamma(z-c)=0$.　■

次に，曲面 $z=f(x, y)$ 上の点 $(a, b, f(a, b))$ を通って曲面 $z=f(x, y)$ に接する平面の方程式，すなわち点 $(a, b, f(a, b))$ における接平面の方程式を求めよう．

求める接平面上にある接線を 2 つ考えよう．図 3.11 を参照．上の説明から，それぞれの接線の傾きは偏微分係数 $f_x(a, b)$ や $f_y(a, b)$ と等しいので，ベクトル $(1, 0, f_x(a, b))$ は 1 つの接線と同じ方向を向き，ベクトル $(0, 1, f_y(a, b))$ はもう 1 つの接線と同じ方向を向いていることがわかる．さて，ここでベクトル $(-f_x(a, b), -f_y(a, b), 1)$ を考えよう．このベクトルとベクトル $(1, 0, f_x(a, b))$ の内積は

$$-f_x(a, b)\cdot 1 - f_y(a, b)\cdot 0 + 1\cdot f_x(a, b) = 0$$

なので，ベクトル $(-f_x(a, b), -f_y(a, b), 1)$ とベクトル $(1, 0, f_x(a, b))$ は直交する．同様にして，ベクトル $(-f_x(a, b), -f_y(a, b), 1)$ とベクトル $(0, 1, f_y(a, b))$ も直交する．したがって，ベクトル $(-f_x(a, b), -f_y(a, b), 1)$ は求める接平面と垂直であり，さらにこの接平面は点 $(a, b, f(a, b))$ を通るのだから，補題 3.1 により接平面の方程式について次の結果を得る．

命題 3.1　曲面 $z=f(x, y)$ 上の点 $(a, b, f(a, b))$ における接平面の方程式は

$$-f_x(a, b)(x-a) - f_y(a, b)(y-b) + z - f(a, b) = 0.$$

例 3.15　領域 $D=\{(x, y) : x \geqq 0,\ y \geqq 0,\ x^2+y^2 \leqq 3\}$ で定義された 2 変数関数 $z=\sqrt{3-x^2-y^2}$ のグラフは，図 3.13 のように中心が原点で半径が $\sqrt{3}$ の球面の一部である．この球面上の点 $(1, 1, 1)$ における接平面の方程式を求めよう．$f(x, y)=\sqrt{3-x^2-y^2}$ とおく．

$$f_x(x, y) = -\frac{x}{\sqrt{3-x^2-y^2}}, \quad f_y(x, y) = -\frac{y}{\sqrt{3-x^2-y^2}}$$

において $x=1$ と $y=1$ を代入すれば，$f_x(1, 1)=-1$, $f_y(1, 1)=-1$. したがって，球面上の点 $(1, 1, 1)$ における接平面の方程式は

$$x+y+z-3=0.$$

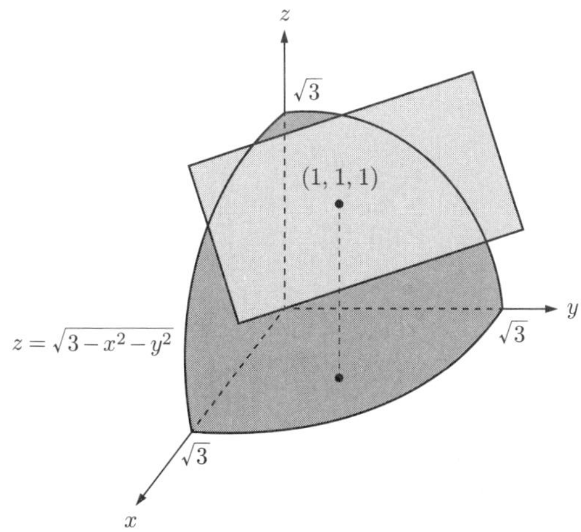

図 3.13

> **例題 3.4** xy 平面全体 $\mathbb{R}^2$ で定義された 2 変数関数 $f(x, y) = x^2 + y^2$ の曲面上の点 $(1, 1, 2)$ における接平面の方程式を求めよ.

解答 偏微分すると

$$f_x(x, y) = 2x, \quad f_y(x, y) = 2y.$$

したがって

$$f_x(1, 1) = 2, \quad f_y(1, 1) = 2$$

なので, 平面の方程式は上の命題 3.1 により

$$-2(x-1) - 2(y-1) + z - 2 = 0, \quad \text{すなわち} \quad -2x - 2y + z + 2 = 0.$$

■

3.6 全微分

xy 平面上の領域 D で定義された 2 変数関数を $z = f(x, y)$ とし, また領域 D の内部の点を (a, b) とする. ここで,

$$\varepsilon = \frac{1}{\sqrt{h^2 + k^2}} \{f(a+h, b+k) - f(a, b) - hA - kB\}$$

とおく. 定数 A や定数 B は a や b によって値が変わってもよいが, しかし h や k にはよらないものとする. このとき,

$$f(a+h, b+k) - f(a, b) = hA + kB + \varepsilon\sqrt{h^2 + k^2} \tag{3.1}$$

を得る.

定義 3.3　式 (3.1) において $h \to 0$ かつ $k \to 0$ としたときに，必ず $\varepsilon \to 0$ となるとき，2 変数関数 $z = f(x, y)$ は点 (a, b) において全微分可能であるという．

2 変数関数 $z = f(x, y)$ が領域 D のすべての点において全微分可能であるとき，2 変数関数 $z = f(x, y)$ は領域 D において全微分可能であるという．

定理 3.1　2 変数関数 $z = f(x, y)$ が点 (a, b) において全微分可能であるとする．このとき，2 変数関数 $z = f(x, y)$ は点 (a, b) において連続であり，さらにその点において x についても y についても偏微分可能であり，$A = f_x(a, b)$ かつ $B = f_y(a, b)$ となる．

証明　2 変数関数 $z = f(x, y)$ は点 (a, b) において値 $f(a, b)$ をもち，さらに全微分可能だから，$h \to 0$ かつ $k \to 0$ とすれば $\varepsilon \to 0$ となる．ゆえに，式 (3.1) より，

$$\begin{aligned}
&\lim_{h\to 0,\, k\to 0} f(a+h,\, b+k) \\
&= \lim_{h\to 0,\, k\to 0} f(a,\, b) + \lim_{h\to 0,\, k\to 0} \left\{ hA + kB + \varepsilon\sqrt{h^2+k^2} \right\} \\
&= f(a,\, b).
\end{aligned}$$

したがって，2 変数関数 $z = f(x, y)$ は点 (a, b) において連続である．次に，式 (3.1) において $k = 0$ とおくと，$\sqrt{h^2} = |h|$ なので，

$$f(a+h,\, b) - f(a,\, b) = hA + \varepsilon\,|h|.$$

$|h|/h = 1$ または $|h|/h = -1$ なので，

$$\lim_{h\to 0} \frac{f(a+h,\, b) - f(a,\, b)}{h} = \lim_{h\to 0} \left\{ A + \varepsilon\,\frac{|h|}{h} \right\} = A.$$

ここで，$h \to 0$ のときに $\varepsilon \to 0$ となることを使った．したがって，2 変数関数 $z = f(x, y)$ は点 (a, b) において x について偏微分可能であり，定数 A は偏微分係数 $f_x(a, b)$ に等しいことがわかる．y についての偏微分可能性も同様に示せる．　∎

式 (3.1) の右辺の $hA + kB$ を，すなわち，$hf_x(a, b) + kf_y(a, b)$ を 2 変数関数 $f(x, y)$ の点 (a, b) における全微分といい，$df(a, b)$ で表す:

$$df(a,\, b) = hf_x(a,\, b) + kf_y(a,\, b).$$

点 (a, b) は領域 D の 1 つの点であったが，この点を領域全体を動く動点とみなして点 (x, y) と表せば，すぐ上の式は

$$df(x,\, y) = hf_x(x,\, y) + kf_y(x,\, y). \tag{3.2}$$

2 変数関数 $f(x, y)$ を $f(x, y) = x$ とすれば，$f_x(x, y) = 1$, $f_y(x, y) = 0$ となるので，式 (3.2) は $dx = h \cdot 1 + k \cdot 0$, すなわち，$dx = h$. 他方，同様にして，$f(x, y) = y$ とすれば，$f_x(x, y) = 0$,

$f_y(x, y) = 1$ となるので，式 (3.2) は $dy = k$. そこで，$h = dx$ と $k = dy$ を式 (3.2) へ代入すれば，

$$df(x, y) = f_x(x, y)\,dx + f_y(x, y)\,dy.$$

点 (x, y) を省略して，

$$df = f_x\,dx + f_y\,dy.$$

この df を 2 変数関数 $f(x, y)$ の**全微分**という．

例 3.16 熱力学において理想気体の内部エネルギー U をエントロピー S と理想気体の体積 V の 2 変数関数とみなせば，

$$dU = \frac{\partial U}{\partial S}\,dS + \frac{\partial U}{\partial V}\,dV.$$

このような式は，熱力学において度々用いられる．

3.7 連鎖公式

変数 x と y が，ある新たな 2 つの変数 u と v の 2 変数関数で与えられているとすれば，2 変数関数 $f(x, y)$ は変数 x と y の 2 変数関数であると同時に，この新たな 2 つの変数 u と v の 2 変数関数であるとみなせる．このとき，2 変数関数 $f(x, y)$ における変数 x と y を扱うよりも，新たな変数 u と v を扱うほうが容易になることがある．この節では 2 変数関数における変数 x と y から新たな変数 u と v への変数変換について学ぶ．

まずは，2 変数関数 $z = f(x, y)$ における x と y がともに，ある変数 t の 1 変数関数で与えられている場合から始める．このとき，2 変数関数 $z = f(x, y)$ も t の 1 変数関数とみなせることに注意．図 3.14 参照．

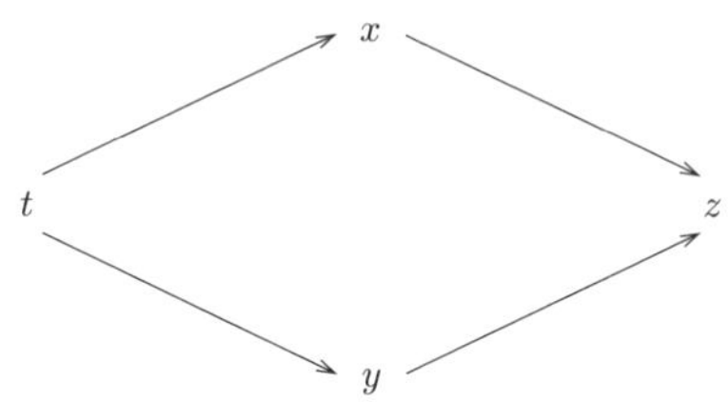

図 3.14

命題 3.2 (連鎖公式 (chain rule)) 2 変数関数 $z = f(x, y)$ は全微分可能とする．また x も y もともに，ある変数 t の微分可能な 1 変数関数で与えられるとする．このとき，2 変数関数 $z = f(x, y)$ も t の微分可能な 1 変数関数となり，その導関数は

$$\frac{dz}{dt} = \frac{\partial z}{\partial x}\frac{dx}{dt} + \frac{\partial z}{\partial y}\frac{dy}{dt}.$$

証明　仮定により x は変数 t の微分可能な1変数関数なので，$x=\phi(t)$ とおけば，$\dfrac{dx}{dt}=\phi'(t)$.
ここで

$$\varepsilon_1=\frac{\phi(t+h)-\phi(t)}{h}-\phi'(t)$$

とおけば，$h\to 0$ のとき $\varepsilon_1\to 0$ となる．ゆえに

$$\phi(t+h)=\phi(t)+h\phi'(t)+\varepsilon_1 h.$$

同様にして，y も変数 t の微分可能な1変数関数なので，$x=\psi(t)$ とおけば，

$$\psi(t+h)=\psi(t)+h\psi'(t)+\varepsilon_2 h.$$

ここで，ε_2 も $h\to 0$ のときに $\varepsilon_2\to 0$ となる．さて，2変数関数 $z=f(x,y)$ は全微分可能だから，

$$\begin{aligned}
&f(\phi(t+h),\,\psi(t+h))-f(\phi(t),\,\psi(t))\\
&=f\left(\phi(t)+h\phi'(t)+\varepsilon_1 h,\,\psi(t)+h\psi'(t)+\varepsilon_2 h\right)-f(\phi(t),\,\psi(t))\\
&=\frac{\partial f}{\partial x}(\phi(t),\,\psi(t))\cdot h\left\{\phi'(t)+\varepsilon_1\right\}+\frac{\partial f}{\partial y}(\phi(t),\,\psi(t))\cdot h\left\{\psi'(t)+\varepsilon_2\right\}\\
&\quad+\varepsilon\sqrt{h^2\left\{\phi'(t)+\varepsilon_1\right\}^2+h^2\left\{\psi'(t)+\varepsilon_2\right\}^2}\,.
\end{aligned}$$

ここで，ε は $h\to 0$ のときに $\varepsilon\to 0$ となる．したがって，

$$\begin{aligned}
&\frac{f(\phi(t+h),\,\psi(t+h))-f(\phi(t),\,\psi(t))}{h}\\
&=\frac{\partial f}{\partial x}(\phi(t),\,\psi(t))\cdot\left\{\phi'(t)+\varepsilon_1\right\}+\frac{\partial f}{\partial y}(\phi(t),\,\psi(t))\cdot\left\{\psi'(t)+\varepsilon_2\right\}\\
&\quad+\varepsilon\frac{|h|}{h}\sqrt{\left\{\phi'(t)+\varepsilon_1\right\}^2+\left\{\psi'(t)+\varepsilon_2\right\}^2}\,.
\end{aligned}$$

この式において $h\to 0$ とすれば，2変数関数 $z=f(x,y)$ は変数 t について微分可能であることがわかり，その導関数は

$$\frac{df}{dt}=\frac{\partial f}{\partial x}\phi'(t)+\frac{\partial f}{\partial y}\psi'(t).$$

∎

今度は，変数 x と y が新たな2つの変数 u と v の2変数関数で与えられている場合を考えよう．このとき，2変数関数 $z=f(x,y)$ は u と v の2変数関数とみなせることに注意．図3.15参照．

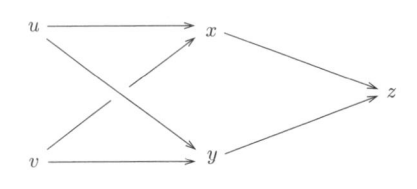

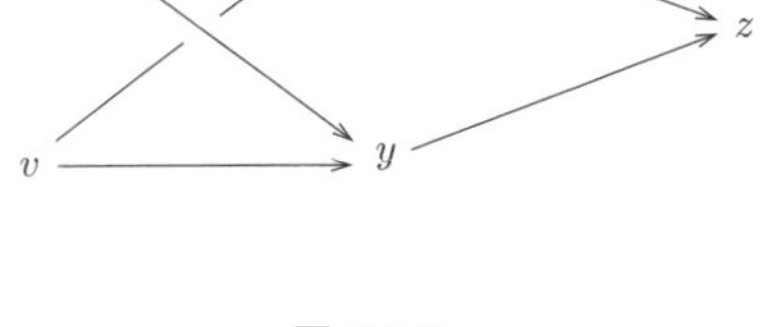

図3.15

定理 3.2 (連鎖公式 (chain rule)) 2変数関数 $z = f(x, y)$ は全微分可能とする．また x も y もともに，ある2つの変数 u と v の2変数関数で与えられ，u と v のそれぞれについて偏微分可能であるとする．このとき，2変数関数 $z = f(x, y)$ は u と v の2変数関数 となり，変数 u と v のそれぞれについて偏微分可能である．そして，その偏導関数は

$$\frac{\partial z}{\partial u} = \frac{\partial z}{\partial x}\frac{\partial x}{\partial u} + \frac{\partial z}{\partial y}\frac{\partial y}{\partial u}, \qquad \frac{\partial z}{\partial v} = \frac{\partial z}{\partial x}\frac{\partial x}{\partial v} + \frac{\partial z}{\partial y}\frac{\partial y}{\partial v}.$$

証明 変数 u についての偏微分可能性を示すには，上の命題 3.2 における変数 t を変数 u とみなして命題 3.2 を適用すればよい．なぜなら変数 u について偏微分するときは，変数 v の値を動かさないで定数と考えて，変数 u のみの関数とみなすからである．変数 v についての偏微分可能性も同様． ∎

例 3.17 2変数関数 $z = f(x, y)$ において，x と y から平面極座標と呼ばれる新たな座標 r と θ へ変数を変換しよう．xy 平面上の点 P を直交座標 (x, y) で表す代りに平面極座標 r と θ で表そう．まず，点 P (x, y) と原点との距離を r とおく，すなわち，$r = \sqrt{x^2 + y^2}$ $(\geqq 0)$．次に，x 軸の正の向きと線分 OP とのなす角を θ とおく，すなわち，$\tan\theta = \dfrac{y}{x}$．図 3.16 参照．ゆえに，$x = r\cos\theta$，$y = r\sin\theta$ となるので，x も y もそれぞれ平面極座標 r と θ の2変数関数で与えられることがわかり，定理 3.2 における u を r と，そして v を θ とみなせばよい．

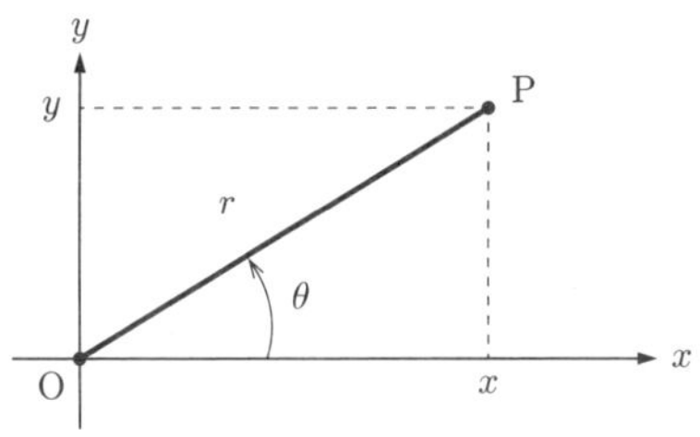

図 3.16

$$\frac{\partial x}{\partial r} = \cos\theta, \quad \frac{\partial y}{\partial r} = \sin\theta, \quad \frac{\partial x}{\partial \theta} = -r\sin\theta, \quad \frac{\partial y}{\partial \theta} = r\cos\theta$$

なので，定理 3.2 から，

$$\frac{\partial z}{\partial r} = \cos\theta\,\frac{\partial z}{\partial x} + \sin\theta\,\frac{\partial z}{\partial y}, \qquad \frac{\partial z}{\partial \theta} = -r\sin\theta\,\frac{\partial z}{\partial x} + r\cos\theta\,\frac{\partial z}{\partial y}. \tag{3.3}$$

例題 3.5 次の式を示せ．

$$\left(\frac{\partial z}{\partial r}\right)^2 + \frac{1}{r^2}\left(\frac{\partial z}{\partial \theta}\right)^2 = \left(\frac{\partial z}{\partial x}\right)^2 + \left(\frac{\partial z}{\partial y}\right)^2.$$

解答　式 (3.3) から

$$\left(\frac{\partial z}{\partial r}\right)^2 = \cos^2\theta\left(\frac{\partial z}{\partial x}\right)^2 + 2\cos\theta\sin\theta\,\frac{\partial z}{\partial x}\frac{\partial z}{\partial y} + \sin^2\theta\left(\frac{\partial z}{\partial y}\right)^2,$$

$$\frac{1}{r^2}\left(\frac{\partial z}{\partial \theta}\right)^2 = \sin^2\theta\left(\frac{\partial z}{\partial x}\right)^2 - 2\sin\theta\cos\theta\,\frac{\partial z}{\partial x}\frac{\partial z}{\partial y} + \cos^2\theta\left(\frac{\partial z}{\partial y}\right)^2.$$

$\cos^2\theta + \sin^2\theta = 1$ なので，以下の式が得られる．

$$\left(\frac{\partial z}{\partial r}\right)^2 + \frac{1}{r^2}\left(\frac{\partial z}{\partial \theta}\right)^2 = \left(\frac{\partial z}{\partial x}\right)^2 + \left(\frac{\partial z}{\partial y}\right)^2.$$

∎

3.8　2階以上の偏導関数

x と y の2変数関数 $z = f(x, y)$ の偏導関数をさらに偏微分して得られる，x と y の2変数関数を **2階偏導関数** (second-order partial derivative) といい，次のように表す．

$\dfrac{\partial}{\partial x}\left(\dfrac{\partial f}{\partial x}\right)$ を $\dfrac{\partial^2 f}{\partial x^2}$, $\dfrac{\partial^2 f}{\partial x^2}(x, y)$, f_{xx}, $f_{xx}(x, y)$, $\dfrac{\partial^2 z}{\partial x^2}$, z_{xx} などで表し，また

$\dfrac{\partial}{\partial y}\left(\dfrac{\partial f}{\partial x}\right)$ を $\dfrac{\partial^2 f}{\partial y\,\partial x}$, $\dfrac{\partial^2 f}{\partial y\,\partial x}(x, y)$, f_{xy}, $f_{xy}(x, y)$, $\dfrac{\partial^2 z}{\partial y\,\partial x}$, z_{xy} などで表す．

さらに，$\dfrac{\partial}{\partial x}\left(\dfrac{\partial f}{\partial y}\right)$ を $\dfrac{\partial^2 f}{\partial x\,\partial y}$, $\dfrac{\partial^2 f}{\partial x\,\partial y}(x, y)$, f_{yx}, $f_{yx}(x, y)$, $\dfrac{\partial^2 z}{\partial x\,\partial y}$, z_{yx} などで表し，また

$\dfrac{\partial}{\partial y}\left(\dfrac{\partial f}{\partial y}\right)$ を $\dfrac{\partial^2 f}{\partial y^2}$, $\dfrac{\partial^2 f}{\partial y^2}(x, y)$, f_{yy}, $f_{yy}(x, y)$, $\dfrac{\partial^2 z}{\partial y^2}$, z_{yy} などで表す．

同様にして，3階偏導関数も，例えば，

$\dfrac{\partial}{\partial y}\left\{\dfrac{\partial}{\partial y}\left(\dfrac{\partial f}{\partial x}\right)\right\}$ を $\dfrac{\partial^3 f}{\partial y\,\partial y\,\partial x}$, $\dfrac{\partial^3 f}{\partial y\,\partial y\,\partial x}(x, y)$, f_{xyy}, $f_{xyy}(x, y)$, $\dfrac{\partial^3 z}{\partial y\,\partial y\,\partial x}$, z_{xyy}

などで表す．

2階以上の偏導関数を **高階偏導関数** (higher-order partial derivative) という．ここで，例えば，一般的には，

$$\frac{\partial^2 f}{\partial x^2} \neq \left(\frac{\partial f}{\partial x}\right)^2, \qquad \frac{\partial^2 f}{\partial x\,\partial y} \neq \frac{\partial f}{\partial x}\cdot\frac{\partial f}{\partial y}, \qquad \frac{\partial^2 f}{\partial y^2} \neq \left(\frac{\partial f}{\partial y}\right)^2$$

であることに注意．つまり，2階偏導関数 f_{xx} は1階偏導関数 f_x の2乗とは必ずしも等しくないことに注意．他の例も同様．

例 3.18　2変数関数 $f(x, y) = x^2y^3$ の1階と2階の偏導関数を求めよう．まず，1階偏導関数は

$$f_x = 2xy^3, \quad f_y = 3x^2y^2$$

なので，

$$f_{xx} = 2y^3, \quad f_{xy} = 6xy^2, \quad f_{yx} = 6xy^2, \quad f_{yy} = 6x^2y.$$

したがって，$f_{xx} \neq (f_x)^2$, $f_{xy} \neq f_xf_y$, $f_{yy} \neq (f_y)^2$. 他の例も同様．

例題 3.6　2 変数関数 $g(x,\,y) = \ln(x^2+y^2)$ について次の式を示せ．

$$\frac{\partial^2 g}{\partial x^2} + \frac{\partial^2 g}{\partial y^2} = 0.$$

解答

$$g_x = \frac{2x}{x^2+y^2}, \quad g_{xx} = \frac{2}{x^2+y^2} - \frac{4x^2}{(x^2+y^2)^2},$$
$$g_y = \frac{2y}{x^2+y^2}, \quad g_{yy} = \frac{2}{x^2+y^2} - \frac{4y^2}{(x^2+y^2)^2}$$

となるので，

$$g_{xx} + g_{yy} = \frac{4}{x^2+y^2} - \frac{4(x^2+y^2)}{(x^2+y^2)^2} = 0.$$

∎

さて，xy 平面上の領域 D で定義された 2 変数関数 $f(x,\,y)$ が D の各点において x についても y についても 1 回偏微分可能であり，さらにこの 2 変数関数と 1 階までのすべての偏導関数が，すなわち，f, f_x, f_y の各々が D において連続であるとする．このとき，2 変数関数 $f(x,\,y)$ は D において 1 回連続微分可能 (continuously differentiable) である，あるいは C^1 級の関数 (function of class C^1) であるという．

また，xy 平面上の領域 D で定義された 2 変数関数 $f(x,\,y)$ が D の各点において 2 回偏微分可能であり，さらにこの 2 変数関数と 2 階までのすべての偏導関数が，すなわち，f, f_x, f_y, f_{xx}, f_{xy}, f_{yx}, f_{yy} の各々が D において連続であるとする．このとき，2 変数関数 $f(x,\,y)$ は D において 2 回連続微分可能 (twice continuously differentiable) である，あるいは C^2 級の関数 (function of class C^2) であるという．

$n = 1, 2, 3, \cdots$ とする．同様にして，xy 平面上の領域 D で定義された 2 変数関数 $f(x,\,y)$ が D の各点において n 回偏微分可能であり，さらにこの 2 変数関数と n 階までのすべての偏導関数が D において連続であるとする．このとき，2 変数関数 $f(x,\,y)$ は D において n 回連続微分可能である，あるいは C^n 級の関数であるという．上の例における 2 変数関数 $f(x,\,y) = x^2y^3$ は C^1 級の関数であり，また C^2 級の関数でもある．実は，C^3 級の関数でもあり，C^4 級の関数でもある（以下同様）．

高階偏導関数について，例えば f_{xy} と f_{yx} は一般的には等しくないが，上の例の 2 変数関数 $f(x,\,y) = x^2y^3$ のように 2 変数関数が C^2 級の関数であれば等しくなる．つまり C^2 級の関数を最初 x について偏微分し，次に y について偏微分して得られる偏導関数と，この順番を逆にして得られる偏導関数が同じになるので，得られる偏導関数は偏微分する順序によらない．これについて次の定理が成り立つ（証明は省略）．

定理 3.3　xy 平面上の領域 D で定義された 2 変数関数 $f(x,\,y)$ が C^2 級の関数であれば，$f_{xy} = f_{yx}$ となり，偏微分する順序によらない．さらに $f(x,\,y)$ が C^3 級の関数でもあれば，$f_{xxy} = f_{xyx} = f_{yxx}$, $f_{xyy} = f_{yxy} = f_{yyx}$ も成立するのでやはり，偏微分する順序によらない．3 階よりも高階の偏導関数についても同様である．

例 3.19　上の例における2変数関数 $f(x, y) = x^2y^3$ は C^3 級の関数でもあり，f_{xxy}，f_{xyx}，f_{yxx} のどれもが $6y^2$ となってすべて等しいので，確かに $f_{xxy} = f_{xyx} = f_{yxx}$ が成り立つ．$f_{xyy} = f_{yxy} = f_{yyx}$ については各自で確かめよ．

領域 D において連続な2変数関数，偏微分可能な2変数関数，全微分可能な2変数関数，C^1 級の2変数関数，C^2 級の2変数関数，等の包含関係については，図3.17を参照．

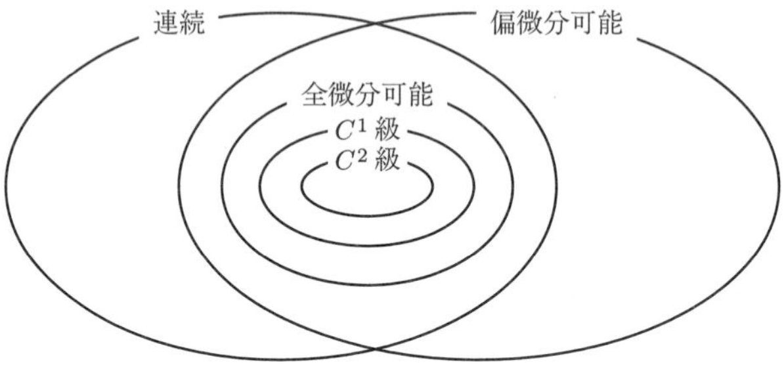

図 3.17

3.9　テイラーの定理

1変数関数 $f(x)$ についてのテイラーの定理は以前に学んだが，この節において今度は2変数関数 $f(x, y)$ についての**テイラーの定理** (Taylor's theorem) を学ぶ．

$n = 1, 2, 3, \cdots$ とする．xy 平面上の領域 D で定義された2変数関数 $f(x, y)$ が C^n 級の関数であれば，n 階以下の各々の偏導関数は定理3.9により偏微分する順序によらないことに注意しよう．

定理 3.4 (テイラーの定理)　$n = 1, 2, 3, \cdots$ とし，また xy 平面上の領域 D で定義された2変数関数 $f(x, y)$ は C^n 級の関数とする．点 (x, y), 点 (a, b), 点 (c_1, c_2) はともに領域 D の内部の点とし，点 (c_1, c_2) は，点 (x, y) と点 (a, b) を結ぶ線分上の点とする．ただし，点 (c_1, c_2) は点 (x, y) や点 (a, b) とは異なる．図3.18を参照．このとき，

$$\begin{aligned}
f(x, y) = f(a, b) &+ (x-a)f_x(a, b) + (y-b)f_y(a, b) \\
&+ \frac{1}{2!}\left\{(x-a)^2 f_{xx}(a, b) + 2(x-a)(y-b)f_{xy}(a, b) + (y-b)^2 f_{yy}(a, b)\right\} \\
&+ \frac{1}{3!}\left\{(x-a)^3 f_{xxx}(a, b) + 3(x-a)^2(y-b)f_{xxy}(a, b)\right. \\
&\qquad\left. + 3(x-a)(y-b)^2 f_{xyy}(a, b) + (y-b)^3 f_{yyy}(a, b)\right\} \\
&+ \cdots \\
&+ \frac{1}{(n-1)!}\left\{(x-a)^{n-1} f_{\underbrace{x\cdots xxx}_{n-1}}(a, b)\right. \\
&\qquad + {}_{n-1}\mathrm{C}_1 (x-a)^{n-2}(y-b) f_{\underbrace{x\cdots xxy}_{n-1}}(a, b)
\end{aligned}$$

$$
\begin{aligned}
&\qquad + {}_{n-1}\mathrm{C}_2 (x-a)^{n-3}(y-b)^2 f_{\underbrace{x\cdots xyy}_{n-1}}(a,\,b) \\
&\qquad + \cdots \\
&\qquad + (y-b)^{n-1} f_{\underbrace{yy\cdots yy}_{n-1}}(a,\,b) \Biggr\} \\
&+ \frac{1}{n!}\Biggl\{ (x-a)^n f_{\underbrace{xx\cdots xxx}_{n}}(c_1,\,c_2) \\
&\qquad + {}_n\mathrm{C}_1 (x-a)^{n-1}(y-b) f_{\underbrace{xx\cdots xxy}_{n}}(c_1,\,c_2) \\
&\qquad + {}_n\mathrm{C}_2 (x-a)^{n-2}(y-b)^2 f_{\underbrace{xx\cdots xyy}_{n}}(c_1,\,c_2) \\
&\qquad + \cdots \\
&\qquad + (y-b)^n f_{\underbrace{yy\cdots yyy}_{n}}(c_1,\,c_2) \Biggr\}.
\end{aligned}
$$

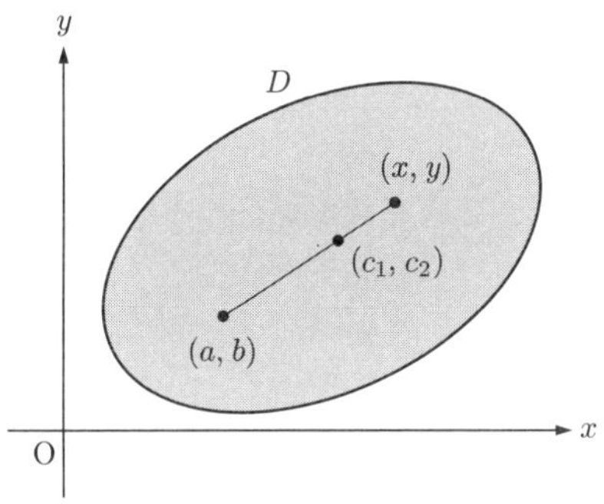

図 **3.18**

証明 $t > 0$ とするとき，関数 $F(t) = f(a+ht,\, b+kt)$ は t のみの 1 変数関数とみなせる．2 変数関数 $f(x,\,y)$ は C^n 級の関数だから，関数 $F(t)$ も C^n 級の関数である．したがって，

$$
\begin{aligned}
F'(t) &= hf_x(a+ht,\, b+kt) + kf_y(a+ht,\, b+kt), \\
F''(t) &= h^2 f_{xx}(a+ht,\, b+kt) + hkf_{xy}(a+ht,\, b+kt) \\
&\quad + hkf_{yx}(a+ht,\, b+kt) + k^2 f_{yy}(a+ht,\, b+kt) \\
&= h^2 f_{xx}(a+ht,\, b+kt) + 2hkf_{xy}(a+ht,\, b+kt) \\
&\quad + k^2 f_{yy}(a+ht,\, b+kt).
\end{aligned}
$$

同様にして，

$$
F'''(t) = h^3 f_{xxx}(a+ht,\, b+kt) + 3h^2 k f_{xxy}(a+ht,\, b+kt)
$$

$$
\begin{aligned}
&+3hk^2 f_{xyy}(a+ht,\, b+kt) + k^3 f_{yyy}(a+ht,\, b+kt),\\
F^{(n)}(t) &= h^n f_{\underbrace{xx\cdots xxx}_{n}}(a+ht,\, b+kt)\\
&\quad + {}_n\mathrm{C}_1 h^{n-1} k f_{\underbrace{xx\cdots xxy}_{n}}(a+ht,\, b+kt)\\
&\quad + {}_n\mathrm{C}_2 h^{n-2} k^2 f_{\underbrace{xx\cdots xyy}_{n}}(a+ht,\, b+kt)\\
&\quad + \cdots\\
&\quad + k^n f_{\underbrace{yy\cdots yyy}_{n}}(a+ht,\, b+kt).
\end{aligned}
$$

1 変数関数 $F(t)$ についてのテイラーの定理から，

$$
\begin{aligned}
F(t) &= F(0) + \frac{t}{1!}F'(0) + \frac{t^2}{2!}F''(0) + \frac{t^3}{3!}F'''(0)\\
&\quad + \cdots + \frac{t^{n-1}}{(n-1)!}F^{(n-1)}(0) + \frac{t^n}{n!}F^{(n)}(c_3).
\end{aligned}
$$

ここで，c_3 は $0 < c_3 < t$ を満たす．この式において $t = 1$ とおき，次に $h = x - a$, $k = y - b$ かつ $c_1 = a + hc_3$, $c_2 = b + kc_3$ とおけばよい． ▮

3.10　2 変数関数の極値

xy 平面上の領域 D で定義された 2 変数関数を $f(x, y)$ とし，また領域 D の点を (a, b) とする．絶対値が十分小さい任意の実数 h と k について

$$
f(a, b) > f(a+h,\, b+k) \quad \Bigl(\text{または}\quad f(a, b) < f(a+h,\, b+k)\Bigr)
$$

が成り立つとき，$f(x, y)$ は点 (a, b) で**極大値** (maximum value) $f(a, b)$（または **極小値** (minimum value)）をとるという．極大値と極小値を極値という．2 変数関数が偏微分可能でなくてもよいことに注意しよう．

定理 3.5　2 変数関数 $f(x, y)$ が領域 D の内部の点 (a, b) において偏微分可能であり，さらに値 $f(a, b)$ が極値とする．このとき，

$$
f_x(a, b) = f_y(a, b) = 0.
$$

証明　$f(a, b)$ が極大値であれば，十分小さい任意の正数 $h > 0$ について $f(a+h, b) - f(a, b) < 0$ また $f(a-h, b) - f(a, b) < 0$. ゆえに，

$$
\frac{f(a+h,\, b) - f(a,\, b)}{h}\,\frac{f(a-h,\, b) - f(a,\, b)}{-h} < 0.
$$

この式において $h \to 0$ とすれば，$\{f_x(a, b)\}^2 = 0$．したがって，$f_x(a, b) = 0$．同様にして $f_y(a, b) = 0$ も得る．$f(a, b)$ が極小値のときも同様である． ▮

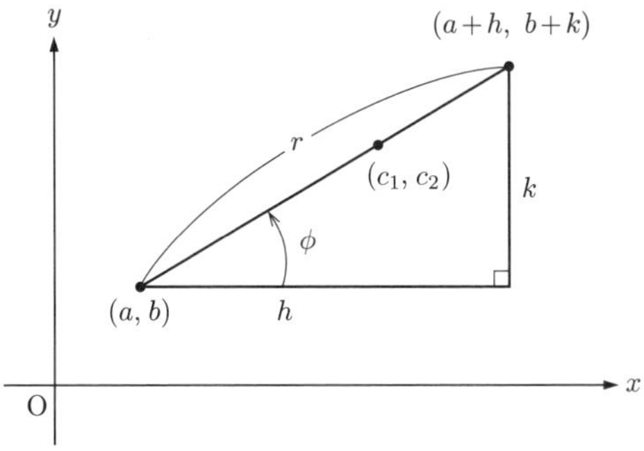

図 3.19

3.1 節の例 3.6 でも例 3.7 でも，原点で $f_x(0, 0) = f_y(0, 0) = 0$ なので，原点において x についての偏微分係数も y についての偏微分係数もともに値が 0 である．しかし，だからといって原点で必ずしも極値をとるとは限らないことに注意しよう．実際，例 3.6 における 2 変数関数 $f(x, y) = x^2 + y^2$ は原点で極小値 0 をとるが，他方，例 3.7 における 2 変数関数 $f(x, y) = x^2 - y^2$ は原点で極値をとらない．極値をとるかどうかについては次の定理が知られている．

定理 3.6　xy 平面上の領域 D で定義された C^2 級の 2 変数関数を $f(x, y)$ とし，また領域 D の内部の点 (a, b) において $f_x(a, b) = f_y(a, b) = 0$ とする．このとき，

(1)　$\{f_{xy}(a, b)\}^2 - f_{xx}(a, b)f_{yy}(a, b) < 0$ であり，さらに $f_{xx}(a, b) < 0$ ならば $\Big($または $f_{xx}(a, b) > 0$ ならば$\Big)$，$f(a, b)$ は極大値 $\Big($または 極小値$\Big)$ である．

(2)　$\{f_{xy}(a, b)\}^2 - f_{xx}(a, b)f_{yy}(a, b) > 0$ であれば，$f(a, b)$ は極値ではない．

(3)　$\{f_{xy}(a, b)\}^2 - f_{xx}(a, b)f_{yy}(a, b) = 0$ であれば，$f(a, b)$ は極値であることもそうでないこともある．

証明　ステップ 1　前節における 2 変数関数 $f(x, y)$ についてテイラーの定理を $n = 2$, $x = a + h$, $y = b + k$ とおいて適用する．$f_x(a, b) = f_y(a, b) = 0$ なので，

$$2\{f(a + h, b + k) - f(a, b)\} = h^2 f_{xx}(c_1, c_2) + 2hk f_{xy}(c_1, c_2) + k^2 f_{yy}(c_1, c_2).$$

右辺は

$$\begin{aligned}&h^2 f_{xx}(a, b) + 2hk f_{xy}(a, b) + k^2 f_{yy}(a, b)\\&+ h^2 \{f_{xx}(c_1, c_2) - f_{xx}(a, b)\} + 2hk \{f_{xy}(c_1, c_2) - f_{xy}(a, b)\}\\&+ k^2 \{f_{yy}(c_1, c_2) - f_{yy}(a, b)\}\end{aligned}$$

と変形できる．ここで，$A = f_{xx}(a, b)$, $B = f_{yy}(a, b)$, $H = f_{xy}(a, b)$ とおき，さらに $h = r\cos\phi$, $k = r\sin\phi$（$r > 0$, 図 3.19 を参照）とおくと，

$$\frac{2}{r^2}\{f(a + h, b + k) - f(a, b)\} = C + D, \tag{3.4}$$

ここで，

$$C = A\cos^2\phi + 2H\cos\phi\sin\phi + B\sin^2\phi,$$

$$D = \{f_{xx}(c_1,\, c_2) - A\}\cos^2\phi + 2\{f_{xy}(c_1,\, c_2) - H\}\cos\phi\sin\phi$$
$$+ \{f_{yy}(c_1,\, c_2) - B\}\sin^2\phi.$$

$r = \sqrt{h^2 + k^2} \to 0$（すなわち，$h \to 0$ かつ $k \to 0$）とすれば，点 $(c_1,\, c_2)$ は点 $(a,\, b)$ に限りなく近づき，また 2 階偏導関数はどれも連続なので，$f_{xx}(c_1,\, c_2) \to A$, $f_{xy}(c_1,\, c_2) \to H$, $f_{yy}(c_1,\, c_2) \to B$ となるから $D \to 0$ となる．したがって，r を十分小さくとれば D の絶対値は任意に小さくとれることに注意．他方，C は r に依存しないことにも注意しよう．また，

$$\begin{aligned} C &= \frac{A-B}{2}\cos 2\phi + H\sin 2\phi + \frac{A+B}{2} \\ &= \sqrt{\left(\frac{A-B}{2}\right)^2 + H^2}\ \cos(2\phi + \alpha) + \frac{A+B}{2} \\ &= \sqrt{\left(\frac{A+B}{2}\right)^2 + H^2 - AB}\ \cos(2\phi + \alpha) + \frac{A+B}{2}. \end{aligned} \tag{3.5}$$

ここで，三角関数の合成を行ったために，以下のように定まる角 α を導入した．

$$\cos\alpha = \left(\frac{A-B}{2}\right) \Big/ \sqrt{\left(\frac{A-B}{2}\right)^2 + H^2},$$

$$\sin\alpha = -H \Big/ \sqrt{\left(\frac{A-B}{2}\right)^2 + H^2}.$$

ステップ 2　定理の (1) を証明しよう．まずは $A < 0$ とする．このとき $H^2 - AB < 0$ より $H^2 < AB$ だから，$B < 0$ となる．ゆえに $A + B < 0$. $\cos(2\phi + \alpha) \leqq 1$ なので，(3.5) より

$$\begin{aligned} C &\leqq \sqrt{\left(\frac{A+B}{2}\right)^2 + H^2 - AB} + \frac{A+B}{2} \\ &= \sqrt{\left(\frac{A+B}{2}\right)^2 + H^2 - AB} - \frac{|A+B|}{2}. \end{aligned}$$

$H^2 - AB < 0$ だから，

$$\sqrt{\left(\frac{A+B}{2}\right)^2 + H^2 - AB} < \frac{|A+B|}{2}$$

なので $C < 0$. ステップ 1 で述べたように D の絶対値は任意に小さくとれるのだから，(3.4) から

$$\frac{2}{r^2}\{f(a+h,\, b+k) - f(a,\, b)\} \leqq C + |D| < 0.$$

したがって $f(a,\, b)$ は極大値である．次に $A > 0$ とする．このとき $H^2 < AB$ だから，$B > 0$ となる．ゆえに $A + B > 0$. $\cos(2\phi + \alpha) \geqq -1$ なので，(3.5) より

$$C \geqq -\sqrt{\left(\frac{A+B}{2}\right)^2 + H^2 - AB} + \frac{A+B}{2}.$$

$H^2 - AB < 0$ だから,

$$\sqrt{\left(\frac{A+B}{2}\right)^2 + H^2 - AB} < \frac{A+B}{2}$$

なので $C > 0$. ステップ 1 で述べたように D の絶対値は任意に小さくとれるのだから, (3.4) から

$$\frac{2}{r^2}\{f(a+h,\, b+k) - f(a,\, b)\} \geqq C - |D| > 0.$$

したがって $f(a,\, b)$ は極小値である.

ステップ 3　次に定理の (2) を証明しよう. このとき $H^2 - AB > 0$ なので,

$$\sqrt{\left(\frac{A+B}{2}\right)^2 + H^2 - AB} > \frac{|A+B|}{2}. \tag{3.6}$$

ここで, (3.5) において $\phi = -\alpha/2$ と選べば,

$$C \geqq \sqrt{\left(\frac{A+B}{2}\right)^2 + H^2 - AB}\,\cos 0 - \frac{|A+B|}{2} > 0.$$

ここで, (3.6) を使った. D の絶対値は任意に小さくとれるのだから, (3.4) から

$$\frac{2}{r^2}\{f(a+h,\, b+k) - f(a,\, b)\} \geqq C - |D| > 0.$$

したがって $\phi = -\alpha/2$ と選べば $f(a+h,\, b+k) > f(a,\, b)$. 他方, $\phi = (\pi - \alpha)/2$ と選べば, (3.5) より,

$$C \leqq \sqrt{\left(\frac{A+B}{2}\right)^2 + H^2 - AB}\,\cos \pi + \frac{|A+B|}{2} < 0.$$

ここで, (3.6) を使った. D の絶対値は任意に小さくとれるのだから, (3.4) から

$$\frac{2}{r^2}\{f(a+h,\, b+k) - f(a,\, b)\} \leqq C + |D| < 0.$$

したがって $\phi = (\pi - \alpha)/2$ と選べば $f(a+h,\, b+k) < f(a,\, b)$. ゆえに $\phi = -\alpha/2$ と選んだときと比較すれば, $f(a,\, b)$ は極値でないことがわかる.

ステップ 4　最後に定理の (3) を証明しよう. 原点において, 次の 2 変数関数 $f(x,\, y) = x^2 + y^3$ を考えよう. $f_x = 2x$, $f_y = 3y^2$ なので,

$$f_x(0,\, 0) = 2 \cdot 0 = 0, \quad f_y(0,\, 0) = 3 \cdot 0^2 = 0.$$

さらに $f_{xy} = 0$, $f_{xx} = 2$, $f_{yy} = 6y$ なので,

$$\{f_{xy}(0,\, 0)\}^2 - f_{xx}(0,\, 0) f_{yy}(0,\, 0) = 0^2 - 2 \cdot 6 \cdot 0 = 0.$$

ゆえに, 原点において定理の (3) の条件は満たされている. しかし, 原点における 2 変数関数の値 $f(0,\, 0) = 0$ は実は極値ではない. 実際, y 軸上で正のほうから原点へ近づけば値 $f(0,\, y) = y^3$ は正の値から単調減少しながら値 $f(0,\, 0) = 0$ に近づくが, 他方, y 軸上で負のほうから原点へ近づけば値 $f(0,\, y) = y^3$ は負の値から単調増加しながら値 $f(0,\, 0) = 0$ に近づくので, $f(0,\, 0) = 0$ は極値で

はない．次に，原点において2変数関数 $g(x,\,y)=x^2+y^4$ を考えよう．この関数についても原点において定理の (3) の条件が満たされている．原点以外の点 $(x,\,y)$ について $g(x,\,y)>g(0,\,0)\,(=0)$ なので値 $g(0,\,0)=0$ は極小値である．このようにして，上の2つの例から極値であることもそうでないこともありうるということがわかった． ▮

例 3.20　xyz 空間における平面 $-2x+y+z=1$ と点 $(2,\,1,\,3)$ の距離を，2変数関数の極値を求める問題として計算しよう．図 3.20 を参照．平面の方程式から式 $z=2x-y+1$ を得る．平面 $-2x+y+z=1$ 上の任意の点 $(x,\,y,\,z)$ と点 $(2,\,1,\,3)$ の距離の2乗 $(x-2)^2+(y-1)^2+(z-3)^2$ に上の式 $z=2x-y+1$ を代入して得られる C^2 級の2変数関数を $f(x,\,y)$ とおけば

$$f(x,\,y)=(x-2)^2+(y-1)^2+(z-3)^2=(x-2)^2+(y-1)^2+(2x-y-2)^2.$$

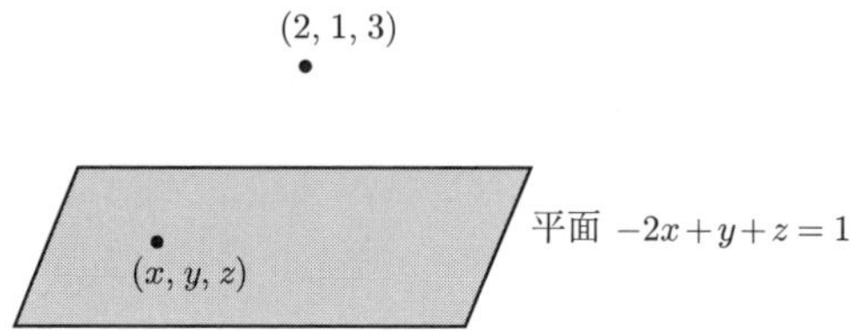

図 3.20

これを偏微分すると，

$$f_x(x,\,y)=2(x-2)+4(2x-y-2)=2(5x-2y-6),$$
$$f_y(x,\,y)=2(y-1)-2(2x-y-2)=2(-2x+2y+1).$$

$f_x(x,\,y)=0$ と $f_y(x,\,y)=0$ を連立させて解くと，解 $x=5/3,\,y=7/6$ を得る．したがって，点 $(5/3,\,7/6)$ が極値となる可能性がある．2階偏導関数を求めると，

$$f_{xy}(x,\,y)=-4,\quad f_{xx}(x,\,y)=10,\quad f_{yy}(x,\,y)=4.$$

ゆえに，$\{f_{xy}(5/3,\,7/6)\}^2-f_{xx}(5/3,\,7/6)f_{yy}(5/3,\,7/6)=(-4)^2-10\cdot 4=-24<0$ であり，さらに $f_{xx}(5/3,\,7/6)=10>0$ なので，$f(5/3,\,7/6)=1/6$ は極小値である．他に極値は存在しないので，値 $f(5/3,\,7/6)=1/6$ は最小値でもある．したがって，求める距離は $\sqrt{f(5/3,\,7/6)}=1/\sqrt{6}$.

> **例題 3.7**　xy 平面全体で定義された2変数関数 $f(x,\,y)=x^2+y^2$ の極値を求めよ．

解答　$f_x(x,\,y)=2x=0,\,f_y(x,\,y)=2y=0$ を連立させて解くと $x=y=0$ を得る．次に，2変数関数 $f(x,\,y)$ の2階偏導関数を計算すると

$$f_{xx}(x,\,y)=2,\quad f_{xy}(x,\,y)=0,\quad f_{yy}(x,\,y)=2.$$

したがって

$$\{f_{xy}(0,\,0)\}^2-f_{xx}(0,\,0)f_{xy}(0,\,0)=0^2-2\cdot 2=-4<0,\quad f_{xx}(0,\,0)=2>0.$$

ゆえに，$f(0,\,0)=0^2+0^2=0$ は極小値である．図 3.5 を参照． ▮

3.11 陰関数定理

水銀，アルミニウム，亜鉛などの金属の温度が絶対零度と呼ばれる温度まで下がると，金属の電気抵抗がゼロになることが実験で観測されている．このような驚くべき現象は超伝導と呼ばれ，超伝導の研究においては**ギャップ方程式** (gap equation) と呼ばれる次のような方程式が扱われている:

$$\int_0^1 \frac{1}{\sqrt{\xi^2+y^2}}\,\frac{e^{\frac{\sqrt{\xi^2+y^2}}{x}}-1}{e^{\frac{\sqrt{\xi^2+y^2}}{x}}+1}\,d\xi - 1 = 0\,. \tag{3.7}$$

ここで，x は絶対温度を表すので，$x \geqq 0$ を満たす．また y は絶対温度が x のときのエネルギーの跳び（エネルギーギャップ）を表し，$y \geqq 0$ を満たす．x と y は (3.7) の左辺にある積分変数 ξ には関係しない．(3.7) の定積分を行えば，左辺は x と y の 2 変数関数になるので，それを $F(x,\,y)$ とおく，すなわち，

$$F(x,\,y) = \int_0^1 \frac{1}{\sqrt{\xi^2+y^2}}\,\frac{e^{\frac{\sqrt{\xi^2+y^2}}{x}}-1}{e^{\frac{\sqrt{\xi^2+y^2}}{x}}+1}\,d\xi - 1.$$

こうすれば，(3.7) は $F(x,\,y)=0$ となる．

超伝導の研究では，(3.7) において x の値を定めれば，これに対応して y の値がただ 1 つだけ定まることがコンピュータによる計算からわかっている．x の値 a に対応して定まる y の値を b とすれば

$$F(a,\,b) = 0.$$

さらに，x の別の値を定めれば，これに対応して y の別の値がただ 1 つだけ定まることも知られている．このことから，(3.7) が x から y への 1 変数関数 $y=f(x)$ を与えているものと予想される．ここで，関数 $f(x)$ が具体的に x のどんな関数になっているのかを知るためには，(3.7) の左辺にある定積分を実際に実行して，$F(x,\,y)$ が具体的に x と y のどんな 2 変数関数になっているのかを求めなければならない．しかし，その原始関数が不明なため，21 世紀の今日でも誰もこの定積分を実行できていない．そのため，$F(x,\,y)$ が具体的に x と y のどんな 2 変数関数になっているのかも，したがって，関数 $f(x)$ が具体的に x のどんな関数になっているのかも，ともに不明のまま残されている．

このような状況は最近の数学の発展により改善された．関数 $y=f(x)$ が具体的に x のどんな関数になっているのかが，たとえ不明であっても，等式 (3.7) が，すなわち，等式 $F(x,\,y)=0$ が確かに x から y への 1 変数関数 $y=f(x)$ を与えていることが最近の数学の発展により証明された (https://arxiv.org/abs/1006.1160 を参照)．

このような関数 $f(x)$ を等式 $F(x,\,y)=0$ によって定められる**陰関数** (implicit function) という．陰関数定理と呼ばれる以下の定理で示されるように，関数 $F(x,\,y)$ が 2 変数関数として C^1 級であれば，陰関数 $f(x)$ も 1 変数関数として C^1 級となる．たとえ，$f(x)$ が具体的に x のどんな関数になっているのかが不明であっても，$f(x)$ という関数の存在とその微分可能性や C^1 級という滑らかさを導き出してくれるのが陰関数定理の凄さである．

定理 3.7 (陰関数定理)　xy 平面において点 (a, b) を内部の点として含む領域 D で定義された C^1 級の 2 変数関数 $F(x, y)$ が次の条件を満たすものとする.

$$F(a, b) = 0, \quad F_y(a, b) \neq 0.$$

このとき，点 $x = a$ を内部の点として含むある開区間 I において定義される連続な 1 変数関数 $y = f(x)$ がただ 1 つだけ存在して，以下が成り立つ.

(1)　$F(x, f(x)) = 0$.

(2)　$f(a) = b$.

(3)　関数 $y = f(x)$ は開区間 I において C^1 級であり，導関数は

$$f'(x) = -\frac{F_x(x, f(x))}{F_y(x, f(x))}.$$

上の定理 3.7 における (1) が成り立つからといって，一般的に $F_x(x, f(x)) = 0$, $F_y(x, f(x)) = 0$ とは限らないので注意しよう．図 3.21 において，曲面 $z = F(x, y)$ と xy 平面との共通部分が曲線 $F(x, y) = 0$ であり，この曲線が定理 3.7 によって与えられる陰関数 $y = f(x)$ のグラフである．xy 平面上の点 (a, b) はこの曲線上にあるので $F(a, b) = 0$ もまた $b = f(a)$ も満たすことに注意しよう.

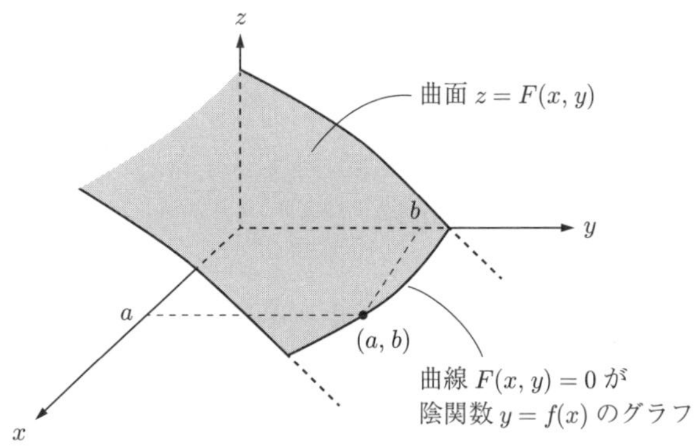

図 3.21

証明　$F_y(a, b) < 0$ のときも同様に扱えるので，$F_y(a, b) > 0$ とする．定理の仮定から $F(x, y)$ は C^1 級なので，$F_y(x, y)$ は連続な関数である．したがって，点 (a, b) に十分近い点 (x, y) においても

$$F_y(x, y) > 0. \tag{3.8}$$

ステップ 1　$F(a, y)$ も $F_y(a, y)$ もともに y のみの連続な 1 変数関数である．(3.8) で $x = a$ とおいて得られる $F_y(a, y) > 0$ は y のみの 1 変数関数 $F(a, y)$ の導関数 $F_y(a, y)$ が正であることを示している．ゆえに，y のみの 1 変数関数 $F(a, y)$ は単調に増加している．したがって，$F(a, b-\delta_1) < F(a, b) < F(a, b+\delta_1)$．ここで，$\delta_1 > 0$ は十分小さい．定理の仮定から $F(a, b) = 0$

であり，また $F(x, y)$ は連続な関数なので，したがって，値 a に十分近い x に対しても

$$F(x, b-\delta_1) < 0 < F(x, b+\delta_1). \tag{3.9}$$

ステップ 2 ステップ 2 では x の値を固定して動かさないことにする．こうすれば，$F(x, y)$ も $F_y(x, y)$ もともに y のみの連続な 1 変数関数になる．(3.8) は y のみの 1 変数関数 $F(x, y)$ の導関数 $F_y(x, y)$ が正であることを示している．ゆえに y のみの 1 変数関数 $F(x, y)$ は単調に増加し，さらに，この関数の値は (3.9) より，$y = b - \delta_1$ のときには負であり，また $y = b + \delta_1$ のときには正である．したがって，中間値の定理より，ある値 c がただ 1 つだけ存在して $F(x, c) = 0$．この値 c はただ 1 つだけ存在して x の値が変わると別の値になりうるので，x から c への関数がただ 1 つだけ存在していることがわかる．そこで c を $f(x)$ と書けば $F(x, f(x)) = 0$．このようにして，1 変数関数 $f(x)$ がただ 1 つだけ存在していることと定理の (1) とを示せた．

ステップ 3 上の等式 $F(x, f(x)) = 0$ において $x = a$ とおくと $F(a, f(a)) = 0$．他方，ステップ 1 において述べたように，y のみの 1 変数関数 $F(a, y)$ は連続であり単調に増加していて，定理の仮定から $F(a, b) = 0$ なので，$f(a) = b$ となる．ゆえに定理の (2) も示せた．次に，1 変数関数 $f(x)$ が連続であることを示そう．値 a に十分近い値 x_0 において，$F(x_0, f(x_0)) = 0$．上で述べたように，y のみの 1 変数関数 $F(x_0, y)$ は連続であり単調に増加しているので，

$$F(x_0, f(x_0)-\varepsilon) < F(x_0, f(x_0))\,(=0) < F(x_0, f(x_0)+\varepsilon),$$

ここで，$\varepsilon(>0)$ は値が十分小さい任意の正数である．関数 $F(x, y)$ は連続なので，値 x_0 に十分近い x においても，

$$F(x, f(x_0)-\varepsilon) < 0 < F(x, f(x_0)+\varepsilon).$$

値 x_0 に十分近い x では $F(x, f(x)) = 0$ だから，

$$F(x, f(x_0)-\varepsilon) < F(x, f(x))\,(=0) < F(x, f(x_0)+\varepsilon).$$

y のみの 1 変数関数 $F(x, y)$ は連続であり単調に増加しているので，

$$f(x_0) - \varepsilon < f(x) < f(x_0) + \varepsilon.$$

したがって，値 x_0 に十分近い x において，

$$|f(x) - f(x_0)| < \varepsilon.$$

値が十分小さい任意の正数 ε に対してこの不等式が成り立つのだから，関数 $f(x)$ は連続であることがわかる．

ステップ 4 上の関数 $f(x)$ が C^1 級であることを最後に示そう．値 a に十分近い x において，$F(x, f(x)) = 0$ も $F(x+h, f(x+h)) = 0$ も成り立つ．ここで，h は絶対値が十分小さい実数である．ゆえに，

$$F(x+h, f(x+h)) - F(x+h, f(x)) + F(x+h, f(x)) - F(x, f(x)) = 0.$$

左辺の第 1 項と第 2 項の差は，テイラーの定理により次のように変形される:

$$\{f(x+h) - f(x)\}\, F_y(x+h, c).$$

ここで，c は $f(x+h)$ と $f(x)$ の間の値である．他方，関数 $F(x, y)$ は全微分可能なので（図 3.17 参照），第3項と第4項の差は次のように変形される:

$$hF_x(x, f(x)) + |h|\varepsilon_1 .$$

ここで，ε_1 は $h \to 0$ のときに $\varepsilon_1 \to 0$ となる実数である．だから，

$$\{f(x+h) - f(x)\}F_y(x+h, c) + hF_x(x, f(x)) + |h|\varepsilon_1 = 0.$$

$F_y(x+h, c) > 0$ なので，

$$f(x+h) - f(x) = -h\frac{F_x(x, f(x))}{F_y(x+h, c)} - |h|\frac{\varepsilon_1}{F_y(x+h, c)} .$$

したがって，

$$\begin{aligned}&\frac{f(x+h) - f(x)}{h}\\ &= -\frac{F_x(x, f(x))}{F_y(x+h, c)} - \frac{|h|}{h}\frac{\varepsilon_1}{F_y(x+h, c)}.\end{aligned}$$

$h > 0$ のときは $|h|/h = 1$, また $h < 0$ のときは $|h|/h = -1$ に注意しよう．関数 F_y は連続なので，$h \to 0$ とすれば $F_y(x+h, c) \to F_y(x, f(x))$．したがって，

$$\lim_{h\to 0}\frac{f(x+h) - f(x)}{h} = -\frac{F_x(x, f(x))}{F_y(x, f(x))},$$

すなわち，関数 $f(x)$ は微分可能であり，その導関数は

$$f'(x) = -\frac{F_x(x, f(x))}{F_y(x, f(x))}.$$

関数 $f(x)$, F_x, F_y は連続なので，導関数 $f'(x)$ も連続となる．ゆえに，関数 $f(x)$ は C^1 級である．これで，陰関数定理の証明が完了した．∎

章末問題

3.1　2変数関数 $f(x, y) = \dfrac{xy}{x^2+y^2}$ は原点で偏微分可能であることを示せ．また，原点では連続でないことを示せ．ただし，原点では $f(0, 0) = 0$ とする．

解答　原点における x についての偏微分係数は

$$f_x(0, 0) = \lim_{h\to 0} \frac{f(h, 0) - f(0, 0)}{h} = \lim_{h\to 0} \frac{\frac{h\cdot 0}{h^2+0^2} - 0}{h} = \lim_{h\to 0} \frac{0}{h} = \lim_{h\to 0} 0 = 0.$$

また，原点における y についての偏微分係数は

$$f_y(0, 0) = \lim_{h\to 0} \frac{f(0, h) - f(0, 0)}{h} = \lim_{h\to 0} \frac{\frac{0\cdot h}{0^2+h^2} - 0}{h} = \lim_{h\to 0} \frac{0}{h} = \lim_{h\to 0} 0 = 0.$$

したがって，原点では x についても y についても偏微分可能である．
次に，2変数関数 $f(x, y)$ を平面極座標 r と θ で表せば，

$$f(x, y) = \frac{1}{2}\sin 2\theta.$$

x 軸の正のほうから原点へ近づけば，$\theta = 0$ なので

$$f(x, y) = \frac{1}{2}\sin 0 = 0 \to 0.$$

他方，第1象限において直線 $y = x$ に沿って原点へ近づけば，$\theta = \pi/4$ なので

$$f(x, y) = \frac{1}{2}\sin\frac{\pi}{2} = \frac{1}{2} \to \frac{1}{2}.$$

したがって，点 (x, y) が原点へ近づいたときの2変数関数 $f(x, y)$ の極限値が存在しないので原点では連続でない．　▮

3.2　xy 平面全体で定義された2変数関数 $f(x, y)$ は C^2 級の関数とするとき，以下の式を示せ．ここで，r と θ は平面極座標である．

$$\frac{\partial^2 f}{\partial r^2} + \frac{1}{r}\frac{\partial f}{\partial r} + \frac{1}{r^2}\frac{\partial^2 f}{\partial \theta^2} = \frac{\partial^2 f}{\partial x^2} + \frac{\partial^2 f}{\partial y^2}.$$

解答　式 (3.3) より

$$\frac{\partial f}{\partial r} = \cos\theta\frac{\partial f}{\partial x} + \sin\theta\frac{\partial f}{\partial y}. \tag{3.10}$$

これをさらに r で偏微分すると（このとき θ は r と関係ないため定数とみなすので），

$$\begin{aligned}
\frac{\partial^2 f}{\partial r^2} &= \cos\theta\frac{\partial}{\partial r}\left(\frac{\partial f}{\partial x}\right) + \sin\theta\frac{\partial}{\partial r}\left(\frac{\partial f}{\partial y}\right) \\
&= \cos\theta\left\{\cos\theta\frac{\partial}{\partial x}\left(\frac{\partial f}{\partial x}\right) + \sin\theta\frac{\partial}{\partial y}\left(\frac{\partial f}{\partial x}\right)\right\} \quad (\longleftarrow (3.10)\text{ の } f \text{ を } f_x \text{ とみなした}) \\
&\quad + \sin\theta\left\{\cos\theta\frac{\partial}{\partial x}\left(\frac{\partial f}{\partial y}\right) + \sin\theta\frac{\partial}{\partial y}\left(\frac{\partial f}{\partial y}\right)\right\} \quad (\longleftarrow (3.10)\text{ の } f \text{ を } f_y \text{ とみなした})
\end{aligned}$$

$$= \cos^2\theta\,\frac{\partial^2 f}{\partial x^2} + \cos\theta\,\sin\theta\left\{\frac{\partial^2 f}{\partial y\partial x} + \frac{\partial^2 f}{\partial x\partial y}\right\} + \sin^2\theta\,\frac{\partial^2 f}{\partial y^2}$$

$$= \cos^2\theta\,\frac{\partial^2 f}{\partial x^2} + 2\cos\theta\,\sin\theta\,\frac{\partial^2 f}{\partial x\partial y} + \sin^2\theta\,\frac{\partial^2 f}{\partial y^2}. \quad (\longleftarrow f \text{ は } C^2 \text{ 級の関数だから})$$

同様にして，式 (3.3) より

$$\frac{\partial f}{\partial\theta} = -r\sin\theta\,\frac{\partial f}{\partial x} + r\cos\theta\,\frac{\partial f}{\partial y}. \tag{3.11}$$

これをさらに θ で偏微分すると（このとき r は θ と関係ないため定数とみなすので），

$$\frac{\partial^2 f}{\partial\theta^2} = -r\cos\theta\,\frac{\partial f}{\partial x} - r\sin\theta\,\frac{\partial}{\partial\theta}\left(\frac{\partial f}{\partial x}\right) - r\sin\theta\,\frac{\partial f}{\partial y} + r\cos\theta\,\frac{\partial}{\partial\theta}\left(\frac{\partial f}{\partial y}\right)$$

$$= -r\cos\theta\,\frac{\partial f}{\partial x} - r\sin\theta\,\frac{\partial f}{\partial y}$$

$$- r\sin\theta\left\{-r\sin\theta\,\frac{\partial}{\partial x}\left(\frac{\partial f}{\partial x}\right) + r\cos\theta\,\frac{\partial}{\partial y}\left(\frac{\partial f}{\partial x}\right)\right\} \quad (\longleftarrow (3.11) \text{ の } f \text{ を } f_x \text{ とみなした})$$

$$+ r\cos\theta\left\{-r\sin\theta\,\frac{\partial}{\partial x}\left(\frac{\partial f}{\partial y}\right) + r\cos\theta\,\frac{\partial}{\partial y}\left(\frac{\partial f}{\partial y}\right)\right\} \quad (\longleftarrow (3.11) \text{ の } f \text{ を } f_y \text{ とみなした})$$

$$= -r\,\frac{\partial f}{\partial r} \quad (\longleftarrow (3.10) \text{ より})$$

$$+ r^2\sin^2\theta\,\frac{\partial^2 f}{\partial x^2} - r^2\cos\theta\,\sin\theta\left\{\frac{\partial^2 f}{\partial y\partial x} + \frac{\partial^2 f}{\partial x\partial y}\right\} + r^2\cos^2\theta\,\frac{\partial^2 f}{\partial y^2}$$

$$= -r\,\frac{\partial f}{\partial r} + r^2\sin^2\theta\,\frac{\partial^2 f}{\partial x^2} - 2r^2\cos\theta\,\sin\theta\,\frac{\partial^2 f}{\partial x\partial y} + r^2\cos^2\theta\,\frac{\partial^2 f}{\partial y^2}.$$

したがって

$$\frac{\partial^2 f}{\partial r^2} + \frac{1}{r^2}\,\frac{\partial^2 f}{\partial\theta^2} = -\frac{1}{r}\,\frac{\partial f}{\partial r} + \frac{\partial^2 f}{\partial x^2} + \frac{\partial^2 f}{\partial y^2}.$$

ゆえに

$$\frac{\partial^2 f}{\partial r^2} + \frac{1}{r}\,\frac{\partial f}{\partial r} + \frac{1}{r^2}\,\frac{\partial^2 f}{\partial\theta^2} = \frac{\partial^2 f}{\partial x^2} + \frac{\partial^2 f}{\partial y^2}.$$

この式の左辺は平面極座標 r, θ のみで，他方，右辺は x, y 座標のみで表されていることに注意しよう． ▮

3.3　2 変数関数 $f(x, y) = x^2y^3$ について，$f_{xyy} = f_{yxy} = f_{yyx}$ を示せ．

解答　例 3.19 から $f_{xy} = 6xy^2$, $f_{yx} = 6xy^2$, $f_{yy} = 6x^2y$ なので，$f_{xyy} = 12xy$, $f_{yxy} = 12xy$, $f_{yyx} = 12xy$. だから，$f_{xyy} = f_{yxy} = f_{yyx}$. ▮

3.4　2 変数関数 $f(x, y) = -2 + x - 3y + 2x^2 - 2xy + 5y^2$ について，$a = 0, b = 0, n = 3$ とおいてテイラーの定理を応用せよ．

解答　2 変数関数 $f(x, y) = -2 + x - 3y + 2x^2 - 2xy + 5y^2$ は C^3 級の関数なので，テイラーの定理において $a = 0, b = 0, n = 3$ とおけば，

$$\begin{aligned} f(x, y) = f(0, 0) \ + \ & x f_x(0, 0) + y f_y(0, 0) \\ + \ & \frac{1}{2!}\{x^2 f_{xx}(0, 0) + 2xy f_{xy}(0, 0) + y^2 f_{yy}(0, 0)\} \\ + \ & \frac{1}{3!}\{x^3 f_{xxx}(c_1, c_2) + 3x^2 y f_{xxy}(c_1, c_2) + 3xy^2 f_{xyy}(c_1, c_2) + y^3 f_{yyy}(c_1, c_2)\}. \end{aligned} \tag{3.12}$$

この 2 変数関数の偏導関数は以下のようになる.

$$f_x(x, y) = 1 + 4x - 2y, \quad f_y(x, y) = -3 - 2x + 10y, \quad f_{xx}(x, y) = 4, \quad f_{xy}(x, y) = -2,$$

$$f_{yy}(x, y) = 10, \quad f_{xxx}(x, y) = f_{xxy}(x, y) = f_{xyy}(x, y) = f_{yyy}(x, y) = 0.$$

だから,

$$f(0, 0) = -2, \quad f_x(0, 0) = 1, \quad f_y(0, 0) = -3, \quad f_{xx}(0, 0) = 4, \quad f_{xy}(0, 0) = -2,$$

$$f_{yy}(0, 0) = 10, \quad f_{xxx}(c_1, c_2) = f_{xxy}(c_1, c_2) = f_{xyy}(c_1, c_2) = f_{yyy}(c_1, c_2) = 0.$$

これらの値を (3.12) へ代入すれば,

$$f(x, y) = -2 + x - 3y + 2x^2 - 2xy + 5y^2.$$

したがって, 2 変数関数 $f(x, y) = -2 + x - 3y + 2x^2 - 2xy + 5y^2$ の元々の式と一致した. ▮

3.5 3.10 節における 2 変数関数 $g(x, y) = x^2 + y^4$ について, 定理 3.6 の (3) の条件が満たされていることを示せ. 次に, 原点以外の点 (x, y) について $g(x, y) > g(0, 0)\,(= 0)$ であることを示せ.

解答 この 2 変数関数の偏導関数は以下のようになる.

$$g_x(x, y) = 2x, \quad g_y(x, y) = 4y^3, g_{xy}(x, y) = 0, \quad g_{xx}(x, y) = 2, \quad g_{yy}(x, y) = 12y^2.$$

まず, $g_x(0, 0) = g_y(0, 0) = 0$ なので, 原点 $(0, 0)$ はこの 2 変数関数の極値である可能性がある. 次に,

$$g_{xy}(0, 0) = 0, \quad g_{xx}(0, 0) = 2, \quad g_{yy}(0, 0) = 0$$

なので

$$\{g_{xy}(0, 0)\}^2 - g_{xx}(0, 0)\, g_{yy}(0, 0) = 0^2 - 2 \cdot 0 = 0.$$

ゆえに, 定理 3.6 の (3) の条件が満たされている. 原点以外の点 (x, y) では x も y もゼロではないので,

$$g(x, y) = x^2 + y^4 > 0 = g(0, 0), \quad \text{すなわち} \quad g(x, y) > g(0, 0).$$

したがって, 2 変数関数 $g(x, y) = x^2 + y^4$ は原点で極小値 0 をとる. ▮

4

1 変数関数の積分法

この章では，x だけの関数である 1 変数関数 $f(x)$ の積分法を学ぶ．

4.1　定積分の定義と性質

a は $-\infty$ ではなく，b は ∞ ではないとし，また n を正の整数とする．$a = x_0$，$b = x_n$ とし，x 軸上の閉区間 $[a, b]$ から $n-1$ 個の点 $x_1, x_2, \ldots, x_{n-1}$ を $a = x_0 < x_1 < x_2 < \cdots < x_{n-1} < x_n = b$ となるように選ぶ．図 4.1 参照．このようにして，n 個の小区間 $[x_0, x_1], [x_1, x_2], \ldots, [x_{n-1}, x_n]$ が得られる．次に，各々の小区間から点を 1 つずつ選び，小区間 $[x_0, x_1], [x_1, x_2], \ldots, [x_{n-1}, x_n]$ から選んだ点の座標をそれぞれ $\xi_1, \xi_2, \ldots, \xi_n$ とおく．これらの点における関数 $f(x)$ の値はそれぞれ $f(\xi_1), f(\xi_2), \ldots, f(\xi_n)$ となる．

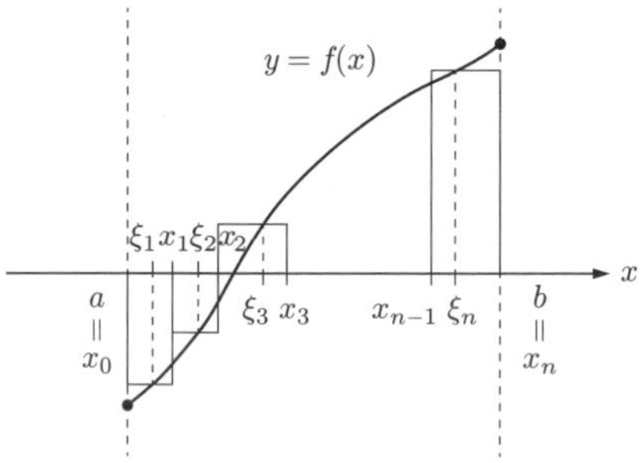

図 **4.1**

続いて，次のような和を考える:

$$S_n = \sum_{k=1}^{n} f(\xi_k)\,(x_k - x_{k-1})\,.$$

閉区間 $[a, b]$ を 1 個に分ければ（すなわち，分けていないが）値 S_1 が得られ，2 個に分ければ値 S_2 が得られ，そして 3 個に分ければ値 S_3 が得られる．このようにして，数列 $S_1, S_2, S_3, \ldots$ が得られる．

最後に n を限りなく大きくして区間 $[a, b]$ を限りなく多数の小区間に分ける．このとき，すべての小区間の長さが限りなくゼロに近づくように，区間 $[a, b]$ を限りなく細かく分ける．このように n

を限りなく大きくしたとき，数列 $S_1, S_2, S_3, \ldots$ がある値 S に収束したとしよう．

この極限値 S は，(1) 小区間 $[x_0, x_1], [x_1, x_2], \ldots, [x_{n-1}, x_n]$ からそれぞれ選ばれた点 $\xi_1, \xi_2, \ldots, \xi_n$ の選び方によらないものとする．さらに，S は (2) 区間 $[a, b]$ の小区間 $[x_0, x_1], [x_1, x_2], \ldots, [x_{n-1}, x_n]$ への分け方にもよらないものとする，つまり，区間 $[a, b]$ を小区間 $[x_0, x_1], [x_1, x_2], \ldots, [x_{n-1}, x_n]$ へ等しく分けてもそうでなくても，S の値は変わらないものとする．これら (1) と (2) の 2 つの条件は，関数 $f(x)$ が区間 $[a, b]$ で連続であれば満たされる（すぐ下の定理を参照）．

これら (1) と (2) の 2 つの条件が満たされるとき，関数 $f(x)$ は a から b まで（あるいは，区間 $[a, b]$ で）**積分可能**であるという．そして，極限値 S を関数 $f(x)$ の a から b までの（あるいは，区間 $[a, b]$ での）定積分 (definite integral) と呼び，次のように表す:

$$S = \int_a^b f(x)\,dx.$$

定理 4.1 関数 $f(x)$ が区間 $[a, b]$ で連続であれば，a から b まで積分可能である．

この定理の証明は省略する．定積分の上のような求め方を区分求積法という．また，積分されている関数 $f(x)$ を被積分関数という．

例 4.1 $\displaystyle\int_0^3 x^2\,dx$ の値を区分求積法を用いて求めよう．関数 x^2 は区間 $[0, 3]$ で連続だから，区間 $[0, 3]$ をどのように分けても同じ極限値を得るので，計算を簡単にするために n 個に等しく分けよう．したがって，$x_0 = 0, x_1 = 3/n, x_2 = 6/n, \ldots, x_{n-1} = 3(n-1)/n, x_n = 3n/n(=3)$ と選んで，どの小区間の長さも $3/n$ に等しくする．関数 x^2 は区間 $[0, 3]$ で連続だから，各々の小区間からどのように点を選んでも同じ極限値を得るので，計算を簡単にするために 各々の小区間の右端の点をすべての小区間において選ぶ，すなわち，$\xi_1 = x_1 = 3/n, \xi_2 = x_2 = 6/n, \ldots, \xi_{n-1} = x_{n-1} = 3(n-1)/n, \xi_n = x_n = 3n/n$．これらの点における関数 x^2 の値は，それぞれ $\xi_1^2 = 3^2/n^2, \xi_2^2 = 6^2/n^2, \ldots, \xi_{n-1}^2 = 3^2(n-1)^2/n^2, \xi_n^2 = 3^2n^2/n^2$ となるので，

$$\begin{aligned} S_n &= \sum_{k=1}^n \xi_k^2\,(x_k - x_{k-1}) = \sum_{k=1}^n \frac{3^2k^2}{n^2}\,\frac{3}{n} = \frac{3^3}{n^3}\sum_{k=1}^n k^2 = \frac{3^3}{n^3}\,\frac{n(n+1)(2n+1)}{6} \\ &= \frac{3^2}{2}\left(1+\frac{1}{n}\right)\left(2+\frac{1}{n}\right) \to 9 \quad (n \to \infty). \end{aligned}$$

このようにして，

$$\int_0^3 x^2\,dx = 9.$$

例題 4.1 上の例では各々の小区間の右端の点をすべての小区間において選んだが，この代わりに各々の小区間の左端の点をすべての小区間において選ぶとする．このとき，上と同じ定積分 $\displaystyle\int_0^3 x^2\,dx$ の値は変わるかどうかを調べよ．

解答　各々の小区間の左端の点をすべての小区間において選ぶのだから, $\xi_1 = x_0 = 0, \xi_2 = x_1 = 3/n$, $\ldots, \xi_{n-1} = x_{n-2} = 3(n-2)/n$, $\xi_n = x_{n-1} = 3(n-1)/n$. したがって

$$\begin{aligned} S'_n &= \sum_{k=1}^{n} \xi_k^2 \,(x_k - x_{k-1}) = \sum_{k=1}^{n} \frac{3^2(k-1)^2}{n^2} \frac{3}{n} = \frac{3^3}{n^3} \sum_{k=1}^{n} (k-1)^2 \\ &= \frac{3^3}{n^3} \left\{ \sum_{k=1}^{n} k^2 - 2\sum_{k=1}^{n} k + \sum_{k=1}^{n} 1 \right\} = \frac{3^3}{n^3} \left\{ \frac{n(n+1)(2n+1)}{6} - 2\frac{n(n+1)}{2} + n \right\} \\ &= \frac{3^3}{n^3} \frac{n(2n^2-3n+1)}{6} = \frac{3^2}{2}\left(2 - \frac{3}{n} + \frac{1}{n^2}\right) \to 9 \quad (n \to \infty). \end{aligned}$$

ゆえに

$$\int_0^3 x^2\,dx = 9.$$

このようにして同じ値が得られた. したがって, 関数 x^2 は区間 $[0, 3]$ で連続なので, 各々の小区間から右端の点を選んでも左端の点を選んでも同じ極限値を得ることがわかった. ∎

例題 4.2　$\displaystyle\int_{-3}^{1} x^2\,dx$ の値を区分求積法を用いて求めよ.

解答　すぐ上の例と同様に, 区間 $[-3, 1]$ を n 個に等しく分ける. したがって, $x_0 = -3$, $x_1 = -3 + (4/n)$, $x_2 = -3 + (8/n)$, $\ldots$, $x_{n-1} = -3 + (4(n-1)/n)$, $x_n = -3 + (4n/n)$ $(= 1)$ と選んで, どの小区間の長さも $4/n$ に等しくする. さらに, 各々の小区間の右端の点を選ぶ, すなわち, $\xi_1 = x_1 = -3 + (4/n)$, $\xi_2 = x_2 = -3 + (8/n)$, $\ldots$, $\xi_{n-1} = x_{n-1} = -3 + (4(n-1)/n)$, $\xi_n = x_n = -3 + (4n/n)$. これらの点における関数 x^2 の値は, それぞれ $\xi_1^2 = \{-3 + (4/n)\}^2$, $\xi_2^2 = \{-3 + (8/n)\}^2, \ldots, \xi_{n-1}^2 = \{-3 + (4(n-1)/n)\}^2$, $\xi_n^2 = \{-3 + (4n/n)\}^2$ となるので,

$$\begin{aligned} S_n &= \sum_{k=1}^{n} \xi_k^2 \,(x_k - x_{k-1}) = \sum_{k=1}^{n} \left(-3 + \frac{4k}{n}\right)^2 \frac{4}{n} = \frac{4}{n} \sum_{k=1}^{n} \left(9 - 24\frac{k}{n} + 16\frac{k^2}{n^2}\right) \\ &= \frac{4}{n} \left\{ 9\sum_{k=1}^{n} 1 - \frac{24}{n}\sum_{k=1}^{n} k + \frac{16}{n^2}\sum_{k=1}^{n} k^2 \right\} \\ &= \frac{4}{n} \left\{ 9n - 12(n+1) + \frac{8(n+1)(2n+1)}{3n} \right\} \\ &= 4\left\{ 9 - 12\left(1 + \frac{1}{n}\right) + \frac{8}{3}\left(1 + \frac{1}{n}\right)\left(2 + \frac{1}{n}\right) \right\} \to \frac{28}{3} \quad (n \to \infty). \end{aligned}$$

したがって,

$$\int_{-3}^{1} x^2\,dx = \frac{28}{3}.$$

∎

上で述べた定積分の定義から, 直ちに次の性質を得る.

定理 4.2　関数 $f(x)$ と関数 $g(x)$ は区間 $[a, b]$ で連続であるとする．

(1)　$\displaystyle\int_a^b f(x)\,dx = \int_a^b f(t)\,dt.$

(2)　k を定数とするとき，$\displaystyle\int_a^b k\,f(x)\,dx = k\int_a^b f(x)\,dx.$

(3)　$\displaystyle\int_a^b \{f(x)+g(x)\}\,dx = \int_a^b f(x)\,dx + \int_a^b g(x)\,dx.$

(4)　c は $a<c<b$ を満たす定数とする，このとき，$\displaystyle\int_a^b f(x)\,dx = \int_a^c f(x)\,dx + \int_c^b f(x)\,dx.$

(5)　$\displaystyle\left|\int_a^b f(x)\,dx\right| \leqq \int_a^b |f(x)|\,dx.$

(6)　区間 $[a, b]$ のすべての点で $f(x) \geqq g(x)$ であれば，$\displaystyle\int_a^b f(x)\,dx \geqq \int_a^b g(x)\,dx.$

また，$g(x)=0$ とおけば次を得る．

区間 $[a, b]$ のすべての点で $f(x) \geqq 0$ であれば，$\displaystyle\int_a^b f(x)\,dx \geqq 0.$

次のことに注意しよう． $a<b$ のときに，$\displaystyle\int_b^a f(x)\,dx = -\int_a^b f(x)\,dx$ と定義する．また，$\displaystyle\int_a^a f(x)\,dx = 0$ と定義する． 例　$\displaystyle\int_3^{-1} f(x)\,dx = -\int_{-1}^3 f(x)\,dx,\ \int_2^2 f(x)\,dx = 0.$

4.2　原始関数と不定積分

t 軸上の区間 $[2, 10]$ において定義された t の関数 $3-2t$ は連続である．この区間において 2 から 10 まで動く点を x とするとき，関数 $3-2t$ は区間 $[2, x]$ においても連続なので，2 から x まで積分可能だから次の定積分が存在する． $\displaystyle\int_2^x (3-2t)\,dt$． 実際，この定積分は計算できて x の関数になることがわかる．

> **例題 4.3**　$\displaystyle\int_2^x (3-2t)\,dt$ の値を区分求積法を用いて求めよ．

解答　関数 $3-2t$ は区間 $[2, x]$ で連続だから，計算を簡単にするために区間 $[2, x]$ を n 個に等しく分ける．図 4.2 を参照．したがって，$x_0=2,\ x_1=2+((x-2)/n),\ x_2=2+(2(x-2)/n),\ \ldots,\ x_{n-1}=2+((n-1)(x-2)/n),\ x_n=2+(n(x-2)/n)\ (=x)$ と選んで，どの小区間の長さも $(x-2)/n$ に等しくする．さらに，各々の小区間の右端の点をすべての小区間において選ぶ，すなわち，$\xi_1=x_1=2+((x-2)/n),\ \xi_2=x_2=2+(2(x-2)/n),\ \ldots,\ \xi_{n-1}=x_{n-1}=2+((n-1)(x-2)/n),\ \xi_n=x_n=2+(n(x-2)/n)$． 点 $\xi_k\ (k=1, 2, \ldots, n)$ における関数 $3-2t$

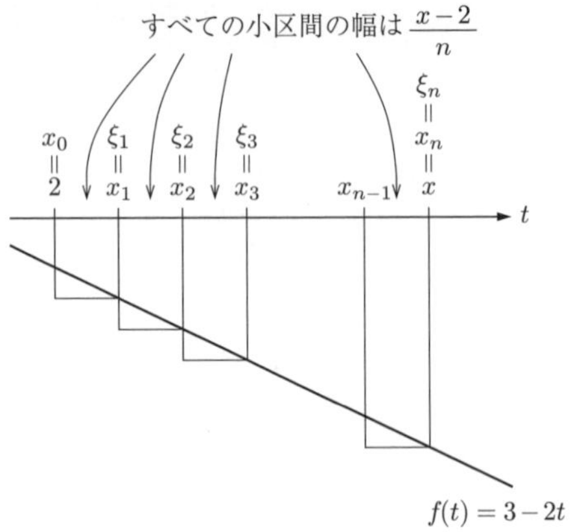

図 4.2

の値は

$$3-2\,\xi_k = 3-2\left\{2+\frac{k(x-2)}{n}\right\} = -1-\frac{2(x-2)}{n}k$$

となるので,

$$\begin{aligned}
S_n &= \sum_{k=1}^{n}(3-2\,\xi_k)\,(x_k - x_{k-1}) = \sum_{k=1}^{n}\left\{-1-\frac{2(x-2)}{n}k\right\}\frac{x-2}{n} \\
&= -\frac{x-2}{n}\left\{\sum_{k=1}^{n}1+\frac{2(x-2)}{n}\sum_{k=1}^{n}k\right\} = -\frac{x-2}{n}\{n+(x-2)(n+1)\} \\
&= -(x-2)\left\{1+(x-2)\left(1+\frac{1}{n}\right)\right\} \\
&\to -(x-2)\{1+(x-2)\} = -(x-2)(x-1) \quad (n\to\infty).
\end{aligned}$$

このようにして, $\int_2^x (3-2t)\,dt$ は x の関数になった:

$$\int_2^x (3-2t)\,dt = -(x-2)(x-1) = -2+3x-x^2.$$

この関数は連続であり, さらに微分可能であることに注意しよう. この関数の導関数は $3-2x$ となって, 被積分関数 $3-2t$ と一致していることにも注意しよう (変数である x と t の差は気にしない).
▮

さて, t 軸上の区間 $[a,\,b]$ において a から b まで動く点を x とする. 区間 $[a,\,b]$ で連続な関数 $f(t)$ は区間 $[a,\,x]$ でも連続なので, a から x までの以下のような定積分が存在する.

$$\int_a^x f(t)\,dt \qquad (a \leqq x \leqq b).$$

例題 4.3 でわかったように, この定積分は x の関数になる. この x の関数が連続であり, さらに微分可能であることを次の定理は示している.

定理 4.3 (微分積分学の基本定理) t 軸上の区間 $[a, b]$ において a から b まで動く点を x とし，また関数 $f(t)$ は区間 $[a, b]$ で連続とする．このとき，

$$\int_a^x f(t)\,dt$$

によって与えられる x の関数は連続であり，さらに微分可能である．そして，その導関数は $f(x)$ に等しい．

$$\frac{d}{dx}\int_a^x f(t)\,dt = f(x).$$

証明 $F(x) = \displaystyle\int_a^x f(t)\,dt$ とおいて，まず，関数 $F(x)$ が連続であることを示す．$h > 0$ として

$$\begin{aligned}F(x+h) - F(x) &= \int_a^{x+h} f(t)\,dt - \int_a^x f(t)\,dt \\ &= \int_a^x f(t)\,dt + \int_x^{x+h} f(t)\,dt - \int_a^x f(t)\,dt \\ &= \int_x^{x+h} f(t)\,dt.\end{aligned}$$

ここで，定積分の性質を使った．区間 $[a, b]$ で定義された連続関数 $f(t)$ は区間 $[a, b]$ における最大値 M と最小値 m をもち，すべての t で $f(t) \leqq M$ と $f(t) \geqq m$ を満たすので，

$$\int_x^{x+h} m\,dt \leqq \int_x^{x+h} f(t)\,dt \leqq \int_x^{x+h} M\,dt.$$

ゆえに，

$$mh \leqq F(x+h) - F(x) \leqq Mh.$$

$h \to 0$ とすれば, $mh \to 0$, $Mh \to 0$ となるので, $F(x+h) - F(x) \to 0$. したがって, $F(x+h) \to F(x)$ なので，$F(x)$ は連続な関数である．

次に微分可能性を示す．関数 $f(t)$ を区間 $[x, x+h]$ だけで考える．連続関数 $f(t)$ はやはり区間 $[x, x+h]$ における最大値 M_1 と最小値 m_1 をもち，$m_1 \leqq f(t) \leqq M_1$ を満たすので，

$$\int_x^{x+h} m_1\,dt \leqq \int_x^{x+h} f(t)\,dt \leqq \int_x^{x+h} M_1\,dt.$$

ゆえに，

$$m_1 \leqq \frac{F(x+h) - F(x)}{h} \leqq M_1.$$

$h \to 0$ とすれば，$m_1 \to f(x)$, $M_1 \to f(x)$ となるので，

$$f(x) \leqq \lim_{h\to 0} \frac{F(x+h) - F(x)}{h} \leqq f(x).$$

したがって，関数 $F(x)$ は微分可能であって，その導関数は $f(x)$ に等しい．$h < 0$ のときも同様である． ▮

例 4.2　例題 4.3 では，$\dfrac{d}{dx}\displaystyle\int_2^x (3-2t)\,dt = 3-2x$ となっていたので，確かに定理 4.3 が成り立っていることがわかる．

定義 4.1　関数 $F(x)$ の導関数が関数 $f(x)$ に等しいとき，すなわち，$F'(x)=f(x)$ が成り立つとき，$F(x)$ を $f(x)$ の原始関数 (primitive function) という．また，関数 $f(x)$ の原始関数の全体を $f(x)$ の不定積分 (indefinite integral) といい，次の記号で表す．

$$\int f(x)\,dx$$

例 4.3　関数 $-3x^2+2x-5$ は関数 $-6x+2$ の原始関数であり，関数 $-\cos 2x$ は関数 $2\sin 2x$ の原始関数である．関数 $-3x^2+2x-5$ と関数 $-3x^2+2x$ のそれぞれが関数 $-6x+2$ の原始関数であり，そして関数 $-6x+2$ の不定積分は

$$\int(-6x+2)\,dx = -3x^2+2x+C.$$

ここで，C は積分定数と呼ばれる任意の定数である．$C=-5$ と選べば原始関数 $-3x^2+2x-5$ が，$C=0$ と選べば原始関数 $-3x^2+2x$ がそれぞれ得られる．また，関数 $-\cos 2x$ と関数 $-\cos 2x+3$ のそれぞれが関数 $2\sin 2x$ の原始関数であり，そして関数 $2\sin 2x$ の不定積分は

$$\int 2\sin 2x\,dx = -\cos 2x + C.$$

連続な関数に限れば，連続な関数の原始関数と不定積分は同じと考えても差支えないことに注意しよう．

不定積分について以下の性質が成り立つ．各々の左辺と右辺をそれぞれ微分すれば，等式が成り立っていることを確かめられる．

定理 4.4　関数 $f(x)$ と関数 $g(x)$ は連続であるとする．

(1)　k を定数とするとき，$\displaystyle\int k\,f(x)\,dx = k\int f(x)\,dx.$

(2)　$\displaystyle\int\{f(x)+g(x)\}\,dx = \int f(x)\,dx + \int g(x)\,dx.$

関数の定積分と原始関数が，次の定理によって結び付けられる．

定理 4.5 (微分積分学の基本定理)　関数 $f(x)$ は区間 $[a,\,b]$ で連続であり，関数 $F(x)$ は $f(x)$ の原始関数の 1 つとする．このとき，

$$\int_a^b f(x)\,dx = \Big[F(x)\Big]_a^b.$$

ここで，$\Big[F(x)\Big]_a^b = F(b)-F(a)$ である．

証明　区間 $[a, b]$ において a から b まで動く点を x とし，次の式で与えられる関数 $G(x)$ を考える．

$$G(x) = \int_a^x f(t)\,dt.$$

定理 4.3 より，$G(x)$ は $f(x)$ の原始関数の 1 つである．したがって，C を定数として

$$G(x) = F(x) + C.$$

この式で $x = a$ とおくと，$G(a) = 0$ だから，$C = -F(a)$．ゆえに

$$G(x) = F(x) - F(a).$$

ここで $x = b$ とおけば，$G(b) = F(b) - F(a)$ となるので，

$$\int_a^b f(x)\,dx = F(b) - F(a).$$

∎

例題 4.4　上の式 $G(x) = F(x) + C$ を示せ．

解答　$G(x)$ も $F(x)$ も $f(x)$ の原始関数だから $\dfrac{d}{dx}\{G(x) - F(x)\} = f(x) - f(x) = 0$．したがって，関数 $G(x) - F(x)$ は定数に等しいので，$G(x) = F(x) + C$． ∎

以下に，基本的な関数の不定積分を示す．ここで，C は積分定数である．等式は，各々の右辺の導関数が左辺の被積分関数に等しくなることから確かめられる．

(1)　$a \neq -1$ なる実数 a について，$\displaystyle\int x^a\,dx = \frac{x^{a+1}}{a+1} + C.$

(2)　$\displaystyle\int \frac{dx}{x} = \log_e |x| + C.$

(3)　$\displaystyle\int e^x\,dx = e^x + C.$

(4)　$0 < a < 1$ または $a > 1$ なる実数 a について，$\displaystyle\int a^x\,dx = \frac{a^x}{\log_e a} + C.$

(5)　$\displaystyle\int \sin x\,dx = -\cos x + C.$

(6)　$\displaystyle\int \cos x\,dx = \sin x + C.$

(7)　$\displaystyle\int \tan x\,dx = -\log_e |\cos x| + C.$

(8)　$\displaystyle\int \frac{dx}{\cos^2 x} = \tan x + C.$

(9)　$a > 0$ なる実数 a について，$\displaystyle\int \frac{dx}{\sqrt{a^2 - x^2}} = \sin^{-1}\frac{x}{a} + C.$

(10)　$a \neq 0$ なる実数 a について，$\displaystyle\int \frac{dx}{x^2+a^2} = \frac{1}{a}\tan^{-1}\frac{x}{a} + C.$

(11)　$a \neq 0$ なる実数 a について，$\displaystyle\int \frac{dx}{\sqrt{x^2+a}} = \log_e\left|x+\sqrt{x^2+a}\right| + C.$

上の $\displaystyle\int \frac{dx}{x}$ は $\displaystyle\int \frac{1}{x}\,dx$ を，$\displaystyle\int \frac{dx}{\cos^2 x}$ は $\displaystyle\int \frac{1}{\cos^2 x}\,dx$ をそれぞれ表している．その他も同様．

例題 4.5　上の (7), (8), (11) を示せ．

解答　(7)　$u = \cos x$ とおいて合成関数の微分法を使うと，

$$(-\log_e|\cos x| + C)' = -\frac{1}{u}\,u' = -\frac{1}{\cos x}\,(\cos x)' = \frac{\sin x}{\cos x} = \tan x.$$

(8)　$\displaystyle(\tan x + C)' = \left(\frac{\sin x}{\cos x}\right)' = \frac{(\sin x)'\cos x - \sin x\,(\cos x)'}{\cos^2 x} = \frac{\cos^2 x + \sin^2 x}{\cos^2 x} = \frac{1}{\cos^2 x}.$

(11)　$u = x^2 + a$ とおいて合成関数の微分法を使うと，

$$(\log_e|x+\sqrt{u}| + C)' = \frac{1}{x+\sqrt{u}}\,(x+u^{1/2})' = \frac{1}{x+\sqrt{u}}\left(1+\frac{u'}{2\,u^{1/2}}\right)$$
$$= \frac{1}{x+\sqrt{x^2+a}}\left(1+\frac{2x}{2\sqrt{x^2+a}}\right) = \frac{1}{x+\sqrt{x^2+a}}\,\frac{\sqrt{x^2+a}+x}{\sqrt{x^2+a}} = \frac{1}{\sqrt{x^2+a}}.$$ ∎

4.3　置換積分と部分積分

この節では，置換積分法と部分積分法によって，いろいろな関数の積分を基本的な関数の積分に帰着させて積分を実行することを学ぶ．

4.3.1　置換積分 (integration by substitution)

例えば，定積分 $\displaystyle\int_0^{\pi/4}\cos 2x\,dx$ の値や不定積分 $\displaystyle\int \cos 2x\,dx$ を求めるときに，$\cos x$ の原始関数が $\sin x$ だからという理由で，次のように積分を実行したら**間違った**結果を得る．

$$\int_0^{\pi/4}\cos 2x\,dx = \Big[\sin 2x\Big]_0^{\pi/4}. \qquad \longleftarrow \quad \text{間違い！}$$

$$\int \cos 2x\,dx = \sin 2x + C. \qquad \longleftarrow \quad \text{間違い！}$$

その理由は，$\cos 2x$ の原始関数が $\sin 2x$ ではないからである．実際，$(\sin 2x)' = 2\cos 2x$. このような間違いをしないために次の置換積分法が必要である．

定理 4.6 (置換積分)　区間 $[\alpha, \beta]$ 上で定義された変数 t $(\alpha \leqq t \leqq \beta)$ から変数 x $(a \leqq x \leqq b)$ への関数 $x = g(t)$ は C^1 級の関数であり，1対1の対応とする．$t = \alpha$ と $x = a$ が，$t = \beta$ と $x = b$

がそれぞれ対応するとき，

$$\text{定積分} \qquad \int_a^b f(x)\,dx = \int_\alpha^\beta f\,(g(t))\;g'(t)\,dt,$$

$$\text{不定積分} \qquad \int f(x)\,dx = \int f\,(g(t))\;g'(t)\,dt.$$

注意 4.1 上の 2 つの式では，結局，x には $g(t)$ を，dx には $\dfrac{dx}{dt}\,dt$ をそれぞれ代入していることに注意しよう．

証明 関数 $F(x)$ を関数 $f(x)$ の原始関数とする．$x = g(t)$ を代入すると $F(x) = F\,(g(t))$．これは t の関数なので，$G(t) = F\,(g(t))$ とおく．したがって，

$$\frac{dG}{dt} = \frac{dF}{dx}\,\frac{dx}{dt}. \tag{4.1}$$

両辺を t について α から β まで積分すると

$$\int_\alpha^\beta \frac{dG}{dt}\,dt = \int_\alpha^\beta \frac{dF}{dx}\,\frac{dx}{dt}\,dt.$$

$b = g(\beta)$, $a = g(\alpha)$ なので，左辺は

$$\begin{aligned}\int_\alpha^\beta \frac{dG}{dt}\,dt &= [G(t)]_\alpha^\beta = G(\beta) - G(\alpha) = F\,(g(\beta)) - F\,(g(\alpha)) \\ &= F(b) - F(a) = [F(x)]_a^b = \int_a^b f(x)\,dx.\end{aligned}$$

他方，右辺は

$$\int_\alpha^\beta \frac{dF}{dx}\,\frac{dx}{dt}\,dt = \int_\alpha^\beta f(x)\,g'(t)\,dt = \int_\alpha^\beta f\,(g(t))\;g'(t)\,dt.$$

∎

(4.1) で両辺を t について α から β まで積分したが，そのかわりに両辺の不定積分を求めれば，不定積分についての等式も同様に証明できる．

例題 4.6 (4.1) で両辺の不定積分を求めて，不定積分についての等式を示せ．

解答 (4.1) で両辺の不定積分を求めると，

$$\int \frac{dG}{dt}\,dt = \int \frac{dF}{dx}\,\frac{dx}{dt}\,dt.$$

積分定数 C を省略して，左辺は

$$\int \frac{dG}{dt}\,dt = G(t) = F\,(g(t)) = F(x) = \int f(x)\,dx.$$

他方，右辺は

$$\int \frac{dF}{dx}\,\frac{dx}{dt}\,dt = \int f(x)\,g'(t)\,dt = \int f\,(g(t))\;g'(t)\,dt.$$

∎

例 4.4　$\displaystyle\int_0^{\pi/4} \cos 2x\,dx$

$t = 2x$ とおくと，$\dfrac{dt}{dx} = 2$ なので，$dt = 2dx$. だから $dx = \dfrac{dt}{2}$. $x = 0$ のとき $t = 0$, $x = \pi/4$ のとき $t = \pi/2$. 積分変数を x から t へ変えると

$$\int_0^{\pi/4} \cos 2x\,dx = \int_0^{\pi/2} \cos t\,\frac{1}{2}\,dt = \frac{1}{2}\int_0^{\pi/2} \cos t\,dt = \frac{1}{2}\Big[\sin t\Big]_0^{\pi/2} = \frac{\sin\frac{\pi}{2} - \sin 0}{2} = \frac{1}{2}.$$

他の解法として，以下のように置換積分を用いないで，被積分関数の原始関数を直接求めて積分してもよい.

$$\int_0^{\pi/4} \cos 2x\,dx = \left[\frac{\sin 2x}{2}\right]_0^{\pi/4} = \frac{\sin\frac{\pi}{2} - \sin 0}{2} = \frac{1}{2}.$$

不定積分であれば，

$$\int \cos 2x\,dx = \int \cos t\,\frac{1}{2}\,dt = \frac{1}{2}\int \cos t\,dt = \frac{1}{2}\sin t + C = \frac{1}{2}\sin 2x + C.$$

例 4.5　$\displaystyle\int_0^{1} \sqrt{1-x}\,dx$

$t = \sqrt{1-x}$ とおくと，$\dfrac{dt}{dx} = -\dfrac{1}{2\sqrt{1-x}}$ なので，$dx = -2\sqrt{1-x}\,dt = -2t\,dt$. $x = 0$ のとき $t = 1$, $x = 1$ のとき $t = 0$. 積分変数を x から t へ変えると

$$\int_0^1 \sqrt{1-x}\,dx = \int_1^0 t\,(-2t)\,dt = 2\int_0^1 t^2\,dt = 2\left[\frac{t^3}{3}\right]_0^1 = \frac{2}{3}.$$

他の解法として，以下のように置換積分を用いないで，被積分関数の原始関数を直接求めて積分してもよい.

$$\int_0^1 \sqrt{1-x}\,dx = \left[-\frac{2}{3}\,(1-x)^{3/2}\right]_0^1 = \frac{2}{3}.$$

不定積分であれば，

$$\int \sqrt{1-x}\,dx = \int t\,(-2t)\,dt = -2\int t^2\,dt = -2\,\frac{t^3}{3} + C = -\frac{2}{3}\left(\sqrt{1-x}\right)^3 + C.$$

例題 4.7　定積分 $\displaystyle\int_0^{\pi/6} \sin 2x\,dx$ の値を求めよ.

解答　$t = 2x$ とおくと，$dt = 2dx$. だから $dx = \dfrac{dt}{2}$. $x = 0$ のとき $t = 0$, $x = \pi/6$ のとき $t = \pi/3$. 積分変数を x から t へ変えると

$$\int_0^{\pi/6} \sin 2x\,dx = \int_0^{\pi/3} \sin t\,\frac{1}{2}\,dt = \frac{1}{2}\int_0^{\pi/3} \sin t\,dt = \frac{1}{2}\Big[-\cos t\Big]_0^{\pi/3}$$
$$= -\frac{1}{2}\left(\cos\frac{\pi}{3} - \cos 0\right) = \frac{1}{2}\left(1 - \frac{1}{2}\right) = \frac{1}{4}.$$

他の解法として，置換積分を用いないで，被積分関数の原始関数を直接求めて積分してもよい．▮

4.3.2　部分積分 (integration by parts)

定理 4.7　関数 $f(x)$ と $g(x)$ は区間 $[a, b]$ で定義された C^1 級の関数とする．このとき，

定積分　$$\int_a^b f'(x)\,g(x)\,dx = \Big[f(x)\,g(x)\Big]_a^b - \int_a^b f(x)\,g'(x)\,dx,$$

不定積分　$$\int f'(x)\,g(x)\,dx = f(x)\,g(x) - \int f(x)\,g'(x)\,dx.$$

証明
$$\frac{d}{dx}\{f(x)\,g(x)\} = f'(x)\,g(x) + f(x)\,g'(x). \tag{4.2}$$

両辺を a から b まで積分すると

$$\int_a^b \frac{d}{dx}\{f(x)\,g(x)\}\,dx = \int_a^b f'(x)\,g(x)\,dx + \int_a^b f(x)\,g'(x)\,dx.$$

左辺は

$$\int_a^b \frac{d}{dx}\{f(x)\,g(x)\}\,dx = \Big[f(x)\,g(x)\Big]_a^b$$

となるので，定積分についての等式を得る．(4.2) で両辺の不定積分を求めれば，不定積分についての等式も得る．▮

例題 4.8　(4.2) で両辺の不定積分を求めて，不定積分についての等式を示せ．

解答　(4.2) で両辺の不定積分を求めると，

$$\int \frac{d}{dx}\{f(x)\,g(x)\}\,dx = \int f'(x)\,g(x)\,dx + \int f(x)\,g'(x)\,dx.$$

積分定数 C を省略して，左辺は $f(x)\,g(x)$ に等しくなるので，不定積分についての等式を得る．▮

例 4.6　$\sin x = (-\cos x)'$ なので

$$\int_0^\pi x\sin x\,dx = \int_0^\pi x\,(-\cos x)'\,dx = \Big[x(-\cos x)\Big]_0^\pi + \int_0^\pi x'\cos x\,dx$$
$$= -\pi\cos\pi + \Big[\sin x\Big]_0^\pi = \pi.$$

不定積分であれば

$$\int x\sin x\,dx = \int x\,(-\cos x)'\,dx = x(-\cos x) + \int x'\cos x\,dx$$
$$= -x\,\cos x + \int \cos x\,dx = -x\,\cos x + \sin x + C.$$

例 4.7　$1 = x'$ なので

$$\int_1^4 \log_e x\,dx = \int_1^4 x' \log_e x\,dx = \Big[x \log_e x\Big]_1^4 - \int_1^4 x\,\frac{1}{x}\,dx$$
$$= 4\log_e 4 - \log_e 1 - 3 = 4\log_e 4 - 3.$$

不定積分であれば

$$\int \log_e x\,dx = \int x' \log_e x\,dx = x \log_e x - \int x\,\frac{1}{x}\,dx$$
$$= x \log_e x - x + C.$$

例題 4.9　定積分 $\displaystyle\int_0^\pi x\cos x\,dx$ の値を求めよ．

解答　$\cos x = (\sin x)'$ なので

$$\int_0^\pi x\cos x\,dx = \int_0^\pi x\,(\sin x)'\,dx = \Big[x \sin x\Big]_0^\pi - \int_0^\pi x' \sin x\,dx$$
$$= 0 + \Big[\cos x\Big]_0^\pi = -2.$$

∎

4.4　いろいろな関数の積分

4.4.1　偶関数 (even function) と奇関数 (odd function) の定積分

$a > 0$ とする．

定義 4.2　区間 $[-a, a]$ で定義された関数 $f(x)$ が区間 $[-a, a]$ に属する全ての点 x で以下の等式を満たすとき，$f(x)$ を偶関数という．

$$f(-x) = f(x).$$

また，以下の等式を満たすとき，$f(x)$ を奇関数という．

$$f(-x) = -f(x).$$

上で，$a = \infty$ であってもよい．

例 4.8　関数 $1 - 3x^2$ は偶関数である．なぜならば，$f(x) = 1 - 3x^2$ において x を $-x$ とおくと，

$$f(-x) = 1 - 3(-x)^2 = 1 - 3x^2 = f(x).$$

関数 x^4, $\cos x$, $\sqrt{x^2+3}$ も偶関数である．他方，関数 $-x + 2x^3$ は奇関数である．なぜならば，$f(x) = -x + 2x^3$ において x を $-x$ とおくと，

$$f(-x) = -(-x) + 2(-x)^3 = x - 2x^3 = -f(x).$$

関数 x^5, $\sin x$, $\dfrac{2x}{\sqrt{x^2+3}}$ も奇関数である.

> **例題 4.10** 関数 x^4, $\cos x$, $\sqrt{x^2+3}$ が偶関数であることを示せ. また, 関数 x^5, $\sin x$, $\dfrac{2x}{\sqrt{x^2+3}}$ が奇関数であることを示せ.

解答 関数 x^4, $\cos x$, $\sqrt{x^2+3}$ が偶関数であること. x を $-x$ とおくと,

$$(-x)^4 = x^4, \quad \cos(-x) = \cos x, \quad \sqrt{(-x)^2+3} = \sqrt{x^2+3}.$$

関数 x^5, $\sin x$, $\dfrac{2x}{\sqrt{x^2+3}}$ が奇関数であること. x を $-x$ とおくと,

$$(-x)^5 = -x^5, \quad \sin(-x) = -\sin x, \quad \frac{2(-x)}{\sqrt{(-x)^2+3}} = -\frac{2x}{\sqrt{x^2+3}}.$$

偶関数や奇関数の定積分には以下の性質が成り立つ.

命題 4.1 $a > 0$ とする. 区間 $[-a, a]$ で定義された連続な関数 $f(x)$ が偶関数であれば,

$$\int_{-a}^{a} f(x)\,dx = 2\int_{0}^{a} f(x)\,dx.$$

また, 関数 $f(x)$ が奇関数であれば,

$$\int_{-a}^{a} f(x)\,dx = 0.$$

> **例題 4.11** すぐ上の命題を証明せよ.

解答 関数 $f(x)$ が偶関数であれば,

$$\int_{-a}^{a} f(x)\,dx = \int_{-a}^{0} f(x)\,dx + \int_{0}^{a} f(x)\,dx. \tag{4.3}$$

右辺の第 1 項で $t = -x$ とおいて置換積分を行うと, $f(-t) = f(t)$ なので,

$$\int_{-a}^{0} f(x)\,dx = \int_{a}^{0} f(-t)\,(-1)\,dt = \int_{0}^{a} f(t)\,dt.$$

したがって, (4.3) において

$$\int_{-a}^{a} f(x)\,dx = \int_{0}^{a} f(t)\,dt + \int_{0}^{a} f(x)\,dx = 2\int_{0}^{a} f(x)\,dx.$$

また, 関数 $f(x)$ が奇関数であれば,

$$\int_{-a}^{a} f(x)\,dx = \int_{-a}^{0} f(x)\,dx + \int_{0}^{a} f(x)\,dx. \tag{4.4}$$

右辺の第 1 項で $t=-x$ とおいて置換積分を行うと，$f(-t)=-f(t)$ なので，

$$\int_{-a}^{0} f(x)\,dx = \int_{a}^{0} f(-t)\,(-1)\,dt = \int_{0}^{a} f(-t)\,dt = -\int_{0}^{a} f(t)\,dt.$$

したがって，(4.4) において

$$\int_{-a}^{a} f(x)\,dx = -\int_{0}^{a} f(t)\,dt + \int_{0}^{a} f(x)\,dx = 0.$$

例 4.9　関数 $1-3x^2$, $\cos x$ は偶関数だから，

$$\int_{-5}^{5} (1-3x^2)\,dx = 2\int_{0}^{5} (1-3x^2)\,dx, \quad \int_{-5}^{5} \cos x\,dx = 2\int_{0}^{5} \cos x\,dx.$$

他方，関数 $-x+2x^3$, $\sin x$, $\dfrac{2x}{\sqrt{x^2+3}}$ は奇関数だから，

$$\int_{-4}^{4} (-x+2x^3)\,dx = 0, \quad \int_{-4}^{4} \sin x\,dx = 0, \quad \int_{-4}^{4} \frac{2x}{\sqrt{x^2+3}}\,dx = 0.$$

4.4.2　部分分数分解を使う積分

次のような不定積分を考えよう．

$$\int \frac{x^3+2x^2-x-5}{x^2+x-2}\,dx.$$

多項式 x^3+2x^2-x-5 を多項式 x^2+x-2 で割ると，商が $x+1$, 余りが -3 となるので，

$$\int \frac{x^3+2x^2-x-5}{x^2+x-2}\,dx = \int (x+1)\,dx + \int \frac{-3}{x^2+x-2}\,dx.$$

右辺の第 1 項は不定積分が求まるので，第 2 項を求めよう．第 2 項の被積分関数の分母を因数分解すると

$$\int \frac{-3}{x^2+x-2}\,dx = \int \frac{-3}{(x+2)(x-1)}\,dx.$$

そこで，いろいろな x の値に対して，次の式が成り立つように定数 a, b の値を定めよう．

$$\frac{-3}{(x+2)(x-1)} = \frac{a}{x+2} + \frac{b}{x-1}. \tag{4.5}$$

(4.5) の右辺で通分を行って

$$\frac{a}{x+2} + \frac{b}{x-1} = \frac{a(x-1)+b(x+2)}{(x+2)(x-1)} = \frac{(a+b)x-a+2b}{(x+2)(x-1)}. \tag{4.6}$$

(4.6) の右辺が (4.5) の左辺と等しくなるためには

$$\begin{cases} a+b = 0, \\ -a+2b = -3. \end{cases}$$

したがって，$a = 1, b = -1$ だから，(4.5) より

$$\frac{-3}{(x+2)(x-1)} = \frac{1}{x+2} - \frac{1}{x-1}.$$

ゆえに

$$\begin{aligned}\int \frac{-3}{x^2+x-2}\,dx = \int \frac{-3}{(x+2)(x-1)}\,dx &= \int \frac{dx}{x+2} - \int \frac{dx}{x-1} \\ &= \log_e |x+2| - \log_e |x-1| + C \\ &= \log_e \left| \frac{x+2}{x-1} \right| + C.\end{aligned}$$

(4.5) の左辺を (4.5) の右辺のように分解することを，(4.5) の左辺を (4.5) の右辺に**部分分数分解**するという．

例題 4.12　不定積分 $\displaystyle\int \frac{5x}{2x^2-x-3}\,dx$ を求めよ．

解答　$2x^2 - x - 3 = (2x-3)(x+1)$ だから，

$$\frac{5x}{2x^2-x-3} = \frac{a}{2x-3} + \frac{b}{x+1}.$$

右辺で通分を行うと

$$\frac{a}{2x-3} + \frac{b}{x+1} = \frac{a(x+1)+b(2x-3)}{(2x-3)(x+1)} = \frac{(a+2b)x+a-3b}{(2x-3)(x+1)}$$

なので，だから

$$\begin{cases} a + 2b = 5, \\ a - 3b = 0. \end{cases}$$

したがって，$a = 3, b = 1$. ゆえに

$$\int \frac{5x}{2x^2-x-3}\,dx = \int \frac{3}{2x-3}\,dx + \int \frac{1}{x+1}\,dx = \frac{3}{2}\log_e |2x-3| + \log_e |x+1| + C.$$ ∎

4.4.3　三角関数 (trigonometric function) の積分

被積分関数が三角関数を含むときは，次のような新たな積分変数 t を導入して，置換積分を行うと積分を実行できることがある．

$$t = \tan \frac{x}{2}.$$

このとき，

$$\cos^2 \frac{x}{2} = \frac{\cos^2 \frac{x}{2}}{\sin^2 \frac{x}{2} + \cos^2 \frac{x}{2}} = \frac{1}{\tan^2 \frac{x}{2} + 1} = \frac{1}{1+t^2}$$

となるので，関数 $\sin x$, $\cos x$, $\tan x$ や dx が新たな変数 t によって表せる．

$$\sin x = \sin\left(\frac{x}{2}+\frac{x}{2}\right) = 2\sin\frac{x}{2}\cos\frac{x}{2} = 2\frac{\sin\frac{x}{2}}{\cos\frac{x}{2}}\cos^2\frac{x}{2} = \frac{2t}{1+t^2},$$

$$\begin{aligned}\cos x &= \cos\left(\frac{x}{2}+\frac{x}{2}\right) = \cos^2\frac{x}{2} - \sin^2\frac{x}{2} = \cos^2\frac{x}{2} - \left(1-\cos^2\frac{x}{2}\right)\\ &= 2\frac{1}{1+t^2} - 1 = \frac{1-t^2}{1+t^2},\end{aligned}$$

$$\tan x = \frac{\sin x}{\cos x} = \frac{2t}{1-t^2}.$$

さらに，$\dfrac{dt}{dx} = \dfrac{1}{2\cos^2\frac{x}{2}} = \dfrac{1+t^2}{2}$ なので，$dx = \dfrac{2}{1+t^2}dt$.

例 4.10　不定積分 $\displaystyle\int \frac{dx}{\sin x}$ を求めよう．上の置き換えにより，

$$\int \frac{dx}{\sin x} = \int \frac{1+t^2}{2t}\frac{2}{1+t^2}dt = \int \frac{dt}{t} = \log_e|t| + C = \log_e\left|\tan\frac{x}{2}\right| + C.$$

例題 4.13　不定積分 $\displaystyle\int \frac{dx}{\cos x}$ を求めよ．

解答　上の置き換えと部分分数分解により，

$$\begin{aligned}\int \frac{dx}{\cos x} &= \int \frac{1+t^2}{1-t^2}\frac{2}{1+t^2}dt = 2\int \frac{dt}{1-t^2} = \int\left(\frac{1}{1+t}+\frac{1}{1-t}\right)dt\\ &= \log_e|1+t| - \log_e|1-t| + C = \log_e\frac{|1+t|}{|1-t|} + C\\ &= \log_e\frac{|1+\tan\frac{x}{2}|}{|1-\tan\frac{x}{2}|} + C.\end{aligned}$$

■

4.4.4　その他の関数の積分

例 4.11　不定積分 $\displaystyle\int \frac{f'(x)}{f(x)}dx$ を求めよう．$t = f(x)$ とおくと，$dt = f'(x)\,dx$ となるので

$$\int \frac{f'(x)}{f(x)}dx = \int \frac{dt}{t} = \log_e|t| + C = \log_e|f(x)| + C.$$

例 4.12　不定積分 $\displaystyle\int \frac{dx}{\sqrt{-x^2+2x+3}}$ を求めよう．$-x^2+2x+3 = -(x^2-2x)+3 = -(x-1)^2+4$ のように平方を完成させて，次に，$t = x-1$ とおいて置換積分を行うと，

$$\begin{aligned}\int \frac{dx}{\sqrt{-x^2+2x+3}} &= \int \frac{dx}{\sqrt{4-(x-1)^2}} = \int \frac{dt}{\sqrt{4-t^2}} = \sin^{-1}\frac{t}{2} + C\\ &= \sin^{-1}\frac{x-1}{2} + C.\end{aligned}$$

ここで，$\displaystyle\int \frac{dx}{\sqrt{a^2 - x^2}} = \sin^{-1}\frac{x}{a} + C$ を使った．

例 4.13 不定積分 $\displaystyle\int \frac{dx}{\sqrt{x^2-2x+5}}$ を求めよう． $x^2-2x+5=(x^2-2x)+5=(x-1)^2+4$ のように平方を完成させて，次に，$t=x-1$ とおいて置換積分を行うと，

$$\int \frac{dx}{\sqrt{x^2-2x+5}} = \int \frac{dx}{\sqrt{(x-1)^2+4}} = \int \frac{dt}{\sqrt{t^2+4}} = \log_e\left|t+\sqrt{t^2+4}\right| + C$$
$$= \log_e\left|x-1+\sqrt{(x-1)^2+4}\right| + C.$$

ここで，$\displaystyle\int \frac{dx}{\sqrt{x^2+a}} = \log_e\left|x+\sqrt{x^2+a}\right| + C$ を使った．

4.5 広義積分

これまで学んできた定積分では，積分区間は有界であって，さらに被積分関数はこの有界な区間で連続な関数であった．しかし，積分区間が有界でなかったり，あるいは被積分関数が有界な積分区間のある点で連続でなかったり，または定義されていなかったりする場合でも定積分が扱われる．このような定積分を**広義積分** (improper integral) といい，この節では定積分における広義積分を学ぼう．

4.5.1 積分区間が有界でない場合の広義積分

$x \geqq 0$ を満たす全ての点 x からなる集合を区間 $[0, \infty)$ という．すなわち，

$$[0, \infty) = \{x : x \geqq 0\}.$$

同様にして，

$$[a, \infty) = \{x : x \geqq a\}, \quad (-\infty, a] = \{x : x \leqq a\}.$$

ここで，a は実数である．

さて，次のような積分を考えよう．

$$\int_0^\infty f(x)\,dx.$$

ここで，関数 $f(x)$ は区間 $[0, \infty)$ で定義された連続関数である．任意の正数 $M > 0$ について，区間 $[0, M]$ で $f(x)$ は連続なので，定積分 $\displaystyle\int_0^M f(x)\,dx$ の値が存在する．図 4.3 参照．そこで，極限値

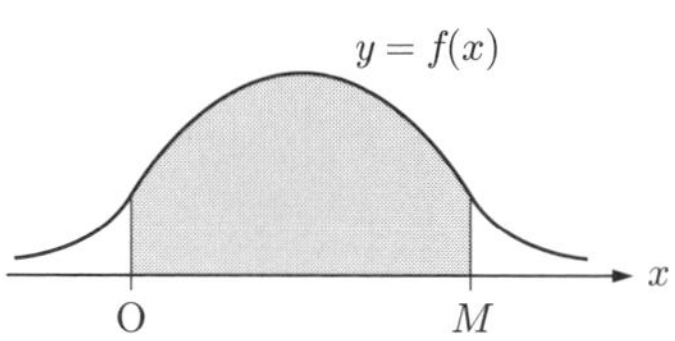

図 4.3

$$\lim_{M\to\infty}\int_0^M f(x)\,dx$$

が存在するとき，$f(x)$ は $[0,\infty)$ で**広義積分可能**であるという．また，この極限値を $f(x)$ の $[0,\infty)$ における**広義積分**といい，

$$\int_0^\infty f(x)\,dx$$

と表す．すなわち，

$$\int_0^\infty f(x)\,dx=\lim_{M\to\infty}\int_0^M f(x)\,dx.$$

広義積分 $\displaystyle\int_a^\infty f(x)\,dx,\quad \int_{-\infty}^a f(x)\,dx,\quad \int_{-\infty}^\infty f(x)\,dx$ も同様であり，以下のように定義される．

$$\int_a^\infty f(x)\,dx=\lim_{M\to\infty}\int_a^M f(x)\,dx,$$

$$\int_{-\infty}^a f(x)\,dx=\lim_{M\to\infty}\int_{-M}^a f(x)\,dx\quad（図 4.4 参照），$$

$$\int_{-\infty}^\infty f(x)\,dx=\lim_{M\to\infty,N\to\infty}\int_{-M}^N f(x)\,dx\quad（図 4.5 参照）.$$

ここで，$N>0$ も任意の正数である．

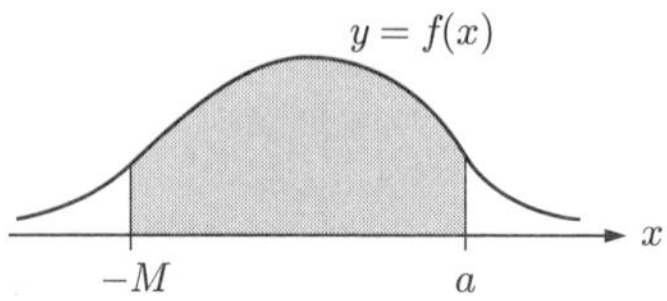

図 4.4

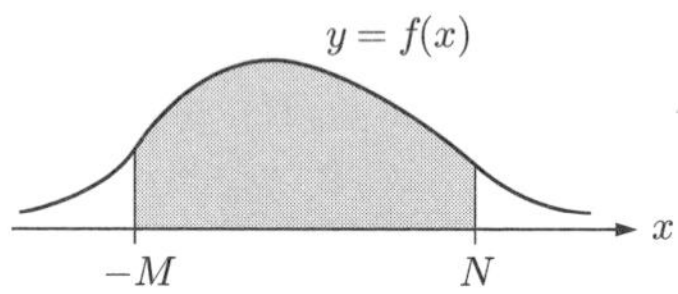

図 4.5

例 4.14　広義積分 $\displaystyle\int_0^\infty \frac{dx}{x^2+4}$ を求めよう．任意の正数 $M>0$ について，

$$\int_0^M \frac{dx}{x^2+4}=\left[\frac{1}{2}\tan^{-1}\frac{x}{2}\right]_0^M=\frac{1}{2}\left(\tan^{-1}\frac{M}{2}-\tan^{-1}0\right)$$

$$\to\frac{1}{2}\left(\frac{\pi}{2}-0\right)=\frac{\pi}{4}\quad(M\to\infty).$$

ここで，$\displaystyle\int\frac{dx}{x^2+a^2}=\frac{1}{a}\tan^{-1}\frac{x}{a}+C$ を使った．したがって

$$\int_0^\infty\frac{dx}{x^2+4}=\frac{\pi}{4}.$$

例題 4.14　広義積分 $\displaystyle\int_0^\infty e^{-2x}\,dx$ を求めよ．

解答 任意の正数 $M>0$ について，

$$\int_0^M e^{-2x}\,dx = \left[-\frac{1}{2}\,e^{-2x}\right]_0^M = \frac{1}{2}\left(1-e^{-2M}\right) \to \frac{1}{2} \quad (M\to\infty).$$

したがって

$$\int_0^\infty e^{-2x}\,dx = \frac{1}{2}.$$

■

4.5.2 積分区間は有界，しかし 積分区間のある点で連続でないか，あるいは定義されていない場合の広義積分

区間 $[a,\,b]$ で定義された関数 $f(x)$ は点 $x=b$ で連続ではなく，しかし，これ以外の残りのすべての点で連続であるとする．図 4.6 と図 4.7 を参照．

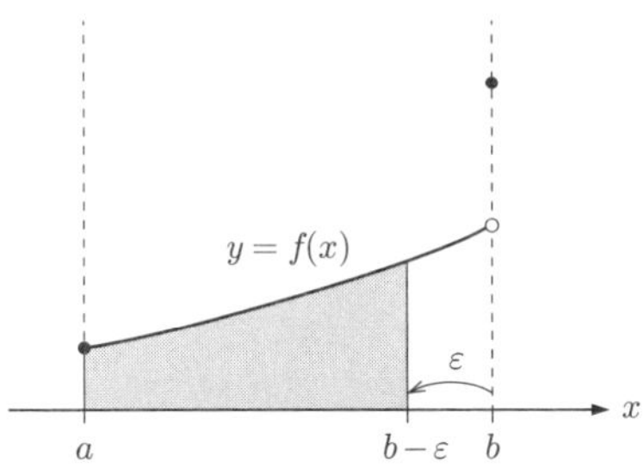

図 4.6

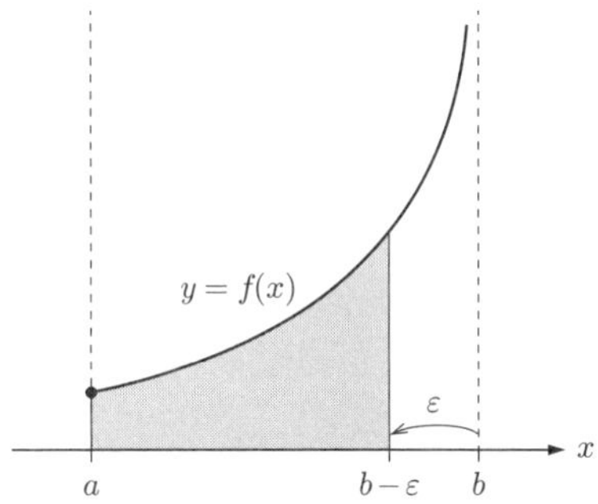

図 4.7

ε を任意の正数とするとき，関数 $f(x)$ は区間 $[a,\,b-\varepsilon]$ で連続だから，この区間で積分可能である．したがって定積分

$$\int_a^{b-\varepsilon} f(x)\,dx$$

が存在する．$\varepsilon\to 0$ としたときの，この定積分の極限値が存在するとき，$f(x)$ は $[a,\,b]$ で**広義積分可能**であるという．また，この極限値を $f(x)$ の $[a,\,b]$ における**広義積分**といい，

$$\int_a^b f(x)\,dx$$

と表す．すなわち，

$$\int_a^b f(x)\,dx = \lim_{\varepsilon\to 0}\int_a^{b-\varepsilon} f(x)\,dx.$$

区間 $[a,\,b]$ で定義された関数 $f(x)$ が点 $x=a$ で連続ではなく，しかし，これ以外の残りのすべての点で連続であるときも同様である．図 4.8 と図 4.9 を参照．ゆえに

$$\int_a^b f(x)\,dx = \lim_{\varepsilon\to 0}\int_{a+\varepsilon}^{b} f(x)\,dx.$$

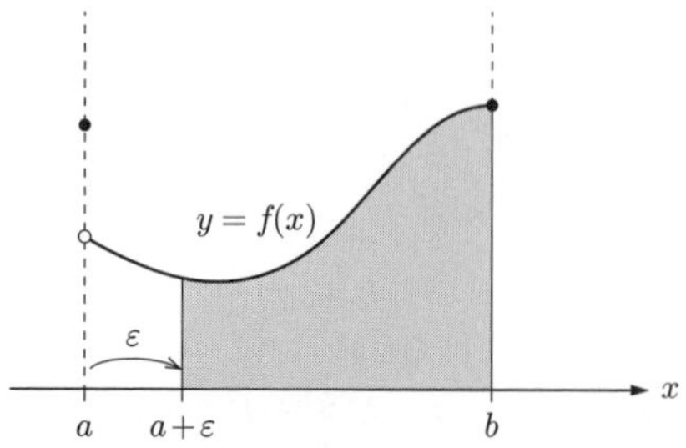

図 4.8

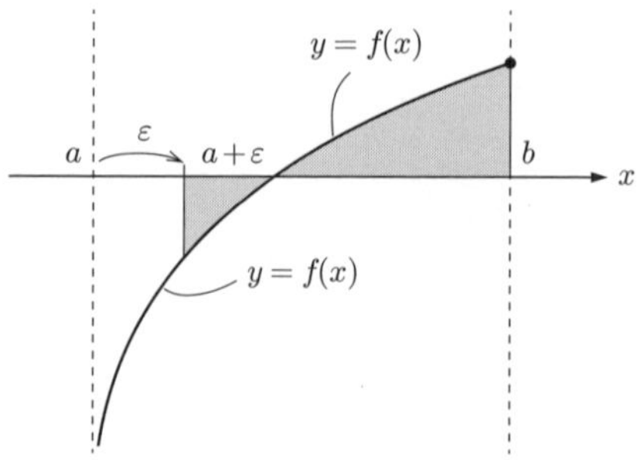

図 4.9

c を $a < c < b$ とするとき，区間 $[a, b]$ で定義された関数 $f(x)$ が点 $x = c$ で連続ではなく，しかし，これ以外の残りのすべての点で連続であるときも同様である．図 4.10 と図 4.11 を参照．ここで，ε も ε_1 もともに任意の正数である．

$$\int_a^b f(x)\,dx = \lim_{\varepsilon\to 0}\int_a^{c-\varepsilon} f(x)\,dx + \lim_{\varepsilon_1\to 0}\int_{c+\varepsilon_1}^b f(x)\,dx.$$

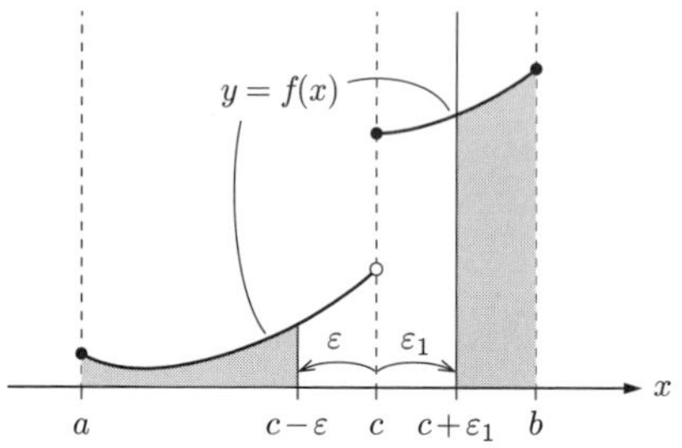

図 4.10

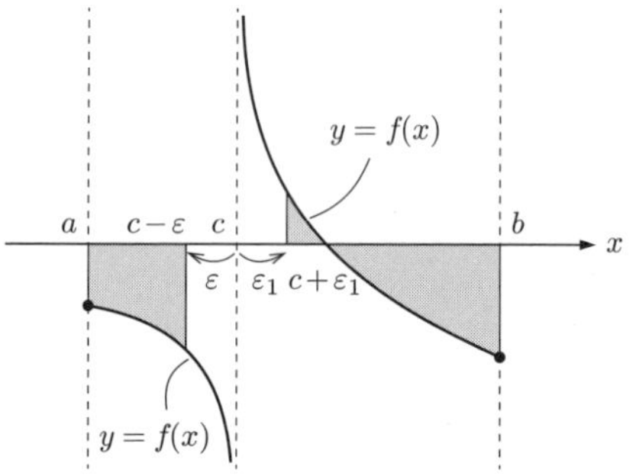

図 4.11

例 4.15　関数 $y = \log_e x$ の区間 $[0, 2]$ における広義積分が存在するかどうかを調べよう．図 4.12 を参照．関数 $y = \log_e x$ は原点 $x = 0$ でのみ連続ではないので，次の定積分を考える．

$$\int_\varepsilon^2 \log_e x\,dx.$$

部分積分を行うと

$$\begin{aligned}\int_\varepsilon^2 \log_e x\,dx &= \int_\varepsilon^2 x' \log_e x\,dx = [x\log_e x]_\varepsilon^2 - \int_\varepsilon^2 x\,\frac{1}{x}\,dx \\ &= 2\log_e 2 - \varepsilon\log_e\varepsilon - (2-\varepsilon) \to 2\log_e 2 - 2 \quad (\varepsilon\to 0).\end{aligned}$$

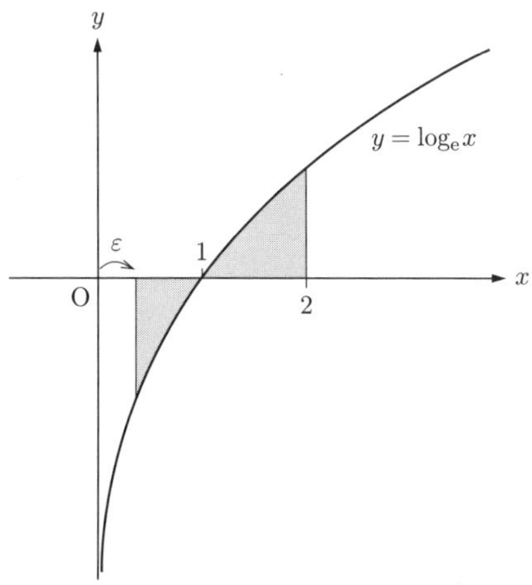

図 4.12

ここで，第 2 章で習った l'Hospital の定理を下のように使った.

$$\lim_{\varepsilon \to 0} \varepsilon \log_e \varepsilon = \lim_{\varepsilon \to 0} \frac{\log_e \varepsilon}{\frac{1}{\varepsilon}} = \lim_{\varepsilon \to 0} \frac{\frac{1}{\varepsilon}}{-\frac{1}{\varepsilon^2}} = \lim_{\varepsilon \to 0} (-\varepsilon) = 0.$$

したがって

$$\int_0^2 \log_e x \, dx = 2 \log_e 2 - 2.$$

例題 4.15 広義積分 $\displaystyle\int_0^1 \frac{dx}{\sqrt{1-x}}$ を求めよ.

解答 被積分関数は点 $x = 1$ で発散していて連続ではないので，次の定積分を考えて積分を実行しよう.

$$\int_0^{1-\varepsilon} \frac{dx}{\sqrt{1-x}} = \left[-2\sqrt{1-x}\right]_0^{1-\varepsilon} = -2\left(\sqrt{\varepsilon} - \sqrt{1}\right) \to 2 \quad (\varepsilon \to 0). \tag{4.7}$$

したがって

$$\int_0^1 \frac{dx}{\sqrt{1-x}} = 2.$$

∎

例題 4.16 式 (4.7) において，$t = \sqrt{1-x}$ という置換積分を実行して広義積分を求めよ.

解答 $\dfrac{dt}{dx} = -\dfrac{1}{2t}$ なので $dx = -2tdt$. したがって

$$\int_0^{1-\varepsilon} \frac{dx}{\sqrt{1-x}} = \int_{\sqrt{1}}^{\sqrt{\varepsilon}} (-2)\, dt = -2\left(\sqrt{\varepsilon} - 1\right) \to 2 \quad (\varepsilon \to 0).$$

したがって

$$\int_0^1 \frac{dx}{\sqrt{1-x}} = 2$$

となって，同じ値が得られた．

4.6　積分の応用

この節では微分方程式と呼ばれる方程式への積分の応用を学ぶ．

上空からボールを真下に落とす場合を考えよう．ボールを落としてから t 秒後のボールの速度を v とする．ここで，下向きを正の向きとする．速度 v は時刻とともに増大するので時刻 t の関数とみなせることに注意しよう．図4.13を参照．加速度は $\dfrac{dv}{dt}$ となるので，ボールの質量を m とすれば，落下するボールについての運動方程式は

$$m\frac{dv}{dt} = mg - kv^2. \tag{4.8}$$

ここで，重力 mg はボールに下向きに作用し，g は重力加速度である．また空気抵抗 kv^2 はボールに上向きに作用するのでマイナスの符号がついていて，k はその比例定数である．

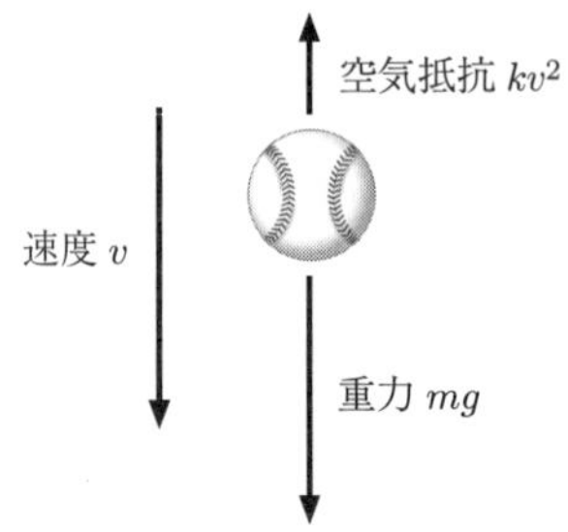

図 4.13

式(4.8)のように導関数を含む方程式を**微分方程式** (differential equation) という．(4.8)には1階導関数 (dv/dt) が含まれているので，1階の微分方程式と呼ばれる．一般的に言って，微分方程式の解は数値ではなくて関数であることに注意しよう．実際，微分方程式(4.8)の解は時刻 t の関数になっている速度 v である．

m, g, k は正の定数であることに注意して積分を実行し，微分方程式(4.8)の解 v を求めよう．両辺を k で割って

$$a\frac{dv}{dt} = b - v^2.$$

ここで，$a = \dfrac{m}{k}$, $b = \dfrac{mg}{k}$ とおいた．したがって

$$\int \frac{dv}{b-v^2} = \int \frac{dt}{a}.$$

部分分数分解を行うと $\dfrac{1}{b-v^2}=\dfrac{1}{2\sqrt{b}}\left(\dfrac{1}{\sqrt{b}+v}+\dfrac{1}{\sqrt{b}-v}\right)$ となるので

$$\log_e|\sqrt{b}+v|-\log_e|\sqrt{b}-v|=\frac{2\sqrt{b}}{a}t+C_1, \quad \text{ゆえに} \quad \log_e\left|\frac{\sqrt{b}+v}{\sqrt{b}-v}\right|=\frac{2\sqrt{b}}{a}t+C_1.$$

ここで，C_1 は積分定数である．したがって

$$\frac{\sqrt{b}+v}{\sqrt{b}-v}=\pm e^{C_1}e^{\frac{2\sqrt{b}}{a}t}.$$

$C=\pm e^{C_1}$ とおくと

$$v=\sqrt{b}\,\frac{C\,e^{\frac{2\sqrt{b}}{a}t}-1}{C\,e^{\frac{2\sqrt{b}}{a}t}+1}=\sqrt{\frac{mg}{k}}\,\frac{C\,e^{2\sqrt{\frac{kg}{m}}\,t}-1}{C\,e^{2\sqrt{\frac{kg}{m}}\,t}+1}. \tag{4.9}$$

このようにして，速度 v が時刻 t の関数として得られた．(4.9) で積分定数 C が現れていることに注意しよう．積分定数をもつ (4.9) のような解を微分方程式 (4.8) の**一般解** (general solution) という．

ボールを落とした瞬間の時刻を $t=0$ とする．このときのボールの初速度を $v=0$ [m/s] としよう．すなわち，

$$t=0 \quad \text{のとき} \quad v=0 \qquad (\text{あるいは} \quad v(0)=0). \tag{4.10}$$

条件 (4.10) を初期条件という．(4.9) に初期条件 (4.10) を代入すると

$$0=\sqrt{\frac{mg}{k}}\,\frac{C-1}{C+1}, \quad \text{ゆえに} \quad C=1.$$

一般解 (4.9) に $C=1$ を代入すると

$$v=\sqrt{\frac{mg}{k}}\,\frac{e^{2\sqrt{\frac{kg}{m}}\,t}-1}{e^{2\sqrt{\frac{kg}{m}}\,t}+1}. \tag{4.11}$$

積分定数 C をもたない (4.11) のような解を微分方程式 (4.8) の**特殊解** (special solution) という．この特殊解 (4.11) は初期条件 (4.10) を満たしていることに注意しよう．

次に，十分時間が経ったときに特殊解 (4.11) がどのような値（この値を終速度という）に近づくのかを調べてみよう．特殊解 (4.11) において $t\to\infty$ とすると

$$v=\sqrt{\frac{mg}{k}}\,\frac{1-e^{-2\sqrt{\frac{kg}{m}}\,t}}{1+e^{-2\sqrt{\frac{kg}{m}}\,t}}\to\sqrt{\frac{mg}{k}}. \tag{4.12}$$

十分時間が経つとボールの落下速度が非常に大きくなり，このため空気抵抗も非常に大きくなるので空気抵抗がボールに働く重力とつり合ってしまう．その結果，ボールの落下速度の変化 (dv/dt) がほぼゼロになり終速度 $\sqrt{mg/k}$ に近づく．実際，微分方程式 (4.8) において $(dv/dt)=0$ とおけば，終速度 $\sqrt{mg/k}$ が得られる．

一般解 (4.9) における積分定数 C の意味を理解するために，初期条件を次のような別の物に変えてみよう．

$$t=0 \quad \text{のとき} \quad v=1 \qquad (\text{あるいは} \quad v(0)=1). \tag{4.13}$$

このとき，C は

$$C = \frac{\sqrt{mg}+\sqrt{k}}{\sqrt{mg}-\sqrt{k}}$$

となり，その結果，別の特殊解

$$v = \sqrt{\frac{mg}{k}}\,\frac{(\sqrt{mg}+\sqrt{k})\,e^{2\sqrt{\frac{kg}{m}}\,t} - (\sqrt{mg}-\sqrt{k})}{(\sqrt{mg}+\sqrt{k})\,e^{2\sqrt{\frac{kg}{m}}\,t} + (\sqrt{mg}-\sqrt{k})} \tag{4.14}$$

が得られる．例題 4.17 とその解答を参照．この特殊解 (4.14) は初期条件 (4.13) を満たしていることに注意しよう．

このようにして，一般解に積分定数が存在するおかげで，いろいろな初期条件に応じて，すなわち，いろいろな初速度に応じて積分定数の値がそれぞれ定まり，その結果，それぞれの初期条件を満たすような特殊解が得られることがわかった．これが，一般解において積分定数 C が存在している意味である．

例題 4.17　初期条件 (4.13) のもとで，特殊解 (4.14) が得られることを示せ．また，特殊解 (4.14) についての終速度を求めよ．

解答　(4.9) に初期条件 (4.13) を代入すると

$$1 = \sqrt{\frac{mg}{k}}\,\frac{C-1}{C+1}, \quad ゆえに \quad C = \frac{\sqrt{mg}+\sqrt{k}}{\sqrt{mg}-\sqrt{k}}.$$

一般解 (4.9) に $C = \dfrac{\sqrt{mg}+\sqrt{k}}{\sqrt{mg}-\sqrt{k}}$ を代入して整理すると

$$v = \sqrt{\frac{mg}{k}}\,\frac{(\sqrt{mg}+\sqrt{k})\,e^{2\sqrt{\frac{kg}{m}}\,t} - (\sqrt{mg}-\sqrt{k})}{(\sqrt{mg}+\sqrt{k})\,e^{2\sqrt{\frac{kg}{m}}\,t} + (\sqrt{mg}-\sqrt{k})}.$$

次に終速度を求めるために，特殊解 (4.14) において $t \to \infty$ とすると

$$v = \sqrt{\frac{mg}{k}}\,\frac{(\sqrt{mg}+\sqrt{k}) - (\sqrt{mg}-\sqrt{k})\,e^{-2\sqrt{\frac{kg}{m}}\,t}}{(\sqrt{mg}+\sqrt{k}) + (\sqrt{mg}-\sqrt{k})\,e^{-2\sqrt{\frac{kg}{m}}\,t}} \to \sqrt{\frac{mg}{k}}.$$

この値は (4.12) と等しいので，終速度は初期条件を変えても変わらないことがわかった． ∎

章末問題

4.1　定積分 $\displaystyle\int_{-3}^{1}(2x-1)\,dx$ の値を区分求積法を用いて求めよ．

解答　関数 $2x-1$ は区間 $[-3,\,1]$ で連続だから，区間 $[-3,\,1]$ をどのように分けても同じ極限値を得るので，計算を簡単にするために n 個に等しく分けよう．したがって，$x_0=-3$, $x_1=-3+(4/n)$, $x_2=-3+(8/n)$, $\ldots$, $x_{n-1}=-3+(4(n-1)/n)$, $x_n=-3+(4n/n)$ $(=1)$ と選んで，どの小区間の長さも $4/n$ に等しくする．さらに，関数 $2x-1$ は区間 $[-3,\,1]$ で連続だから，各々の小区間からどのように点を選んでも同じ極限値を得るので，計算を簡単にするために 各々の小区間の右端の点をすべての小区間において選ぶ，すなわち，$\xi_1=x_1=-3+(4/n)$, $\xi_2=x_2=-3+(8/n)$, $\ldots$, $\xi_{n-1}=x_{n-1}=-3+(4(n-1)/n)$, $\xi_n=x_n=-3+(4n/n)$．これらの点における関数 $2x-1$ の値は，それぞれ $2\xi_1-1=-7+(8/n)$, $2\xi_2-1=-7+(16/n)$, $\ldots$, $2\xi_{n-1}-1=-7+(8(n-1)/n)$, $2\xi_n-1=-7+(8n/n)$ となるので，

$$\begin{aligned}S_n &= \sum_{k=1}^{n}(2\xi_k-1)\,(x_k-x_{k-1}) = \sum_{k=1}^{n}\left(-7+\frac{8k}{n}\right)\frac{4}{n} = \frac{4}{n}\left\{-7\sum_{k=1}^{n}1+\frac{8}{n}\sum_{k=1}^{n}k\right\}\\ &= \frac{4}{n}\left\{-7n+\frac{8}{n}\,\frac{n(n+1)}{2}\right\} = 4\left\{-3+\frac{4}{n}\right\} \to -12 \quad (n\to\infty).\end{aligned}$$

したがって，

$$\int_{-3}^{1}(2x-1)\,dx=-12.$$

∎

4.2　次の定積分の値を求めよ．

(1) $\displaystyle\int_0^1\frac{dx}{\sqrt{1+x}}$　　(2) $\displaystyle\int_0^2 e^{-3x}\,dx$　　(3) $\displaystyle\int_0^{\pi} e^{-2x}\sin 3x\,dx$

解答　(1)　$t=\sqrt{1+x}$ とおくと，$dx=2\sqrt{1+x}\,dt=2t\,dt$．$x=0$ のとき $t=1$, $x=1$ のとき $t=\sqrt{2}$．積分変数を x から t へ変えると

$$\int_0^1\frac{dx}{\sqrt{1+x}}=\int_1^{\sqrt{2}}\frac{(2t)}{t}\,dt=2(\sqrt{2}-1).$$

(2)　$t=-3x$ とおくと，$dt=-3dx$．だから $dx=-\dfrac{dt}{3}$．$x=0$ のとき $t=0$, $x=2$ のとき $t=-6$．積分変数を x から t へ変えると

$$\int_0^2 e^{-3x}\,dx=\int_0^{-6}e^t\,(-1)\frac{dt}{3}=\frac{1}{3}\int_{-6}^{0}e^t\,dt=\frac{1}{3}\Big[e^t\Big]_{-6}^{0}=\frac{1}{3}\left(1-e^{-6}\right).$$

他の解法として，置換積分を用いないで，被積分関数の原始関数を直接求めて積分してもよい．

(3)　a と b の両方がゼロではない定数として，まず，以下の不定積分を求める．

$$I_C=\int e^{ax}\cos bx\,dx,\qquad I_S=\int e^{ax}\sin bx\,dx$$

とおく．

$e^{ax} = \left(\dfrac{e^{ax}}{a}\right)'$ なので，部分積分を行うと

$$\begin{aligned} I_C &= \int \left(\frac{e^{ax}}{a}\right)' \cos bx\, dx = \frac{e^{ax}}{a}\cos bx - \int \frac{e^{ax}}{a}(\cos bx)'\, dx \\ &= \frac{e^{ax}}{a}\cos bx + \frac{b}{a} I_S, \\ I_S &= \int \left(\frac{e^{ax}}{a}\right)' \sin bx\, dx = \frac{e^{ax}}{a}\sin bx - \int \frac{e^{ax}}{a}(\sin bx)'\, dx \\ &= \frac{e^{ax}}{a}\sin bx - \frac{b}{a} I_C. \end{aligned}$$

したがって

$$\begin{pmatrix} a & -b \\ b & a \end{pmatrix} \begin{pmatrix} I_C \\ I_S \end{pmatrix} = \begin{pmatrix} e^{ax}\cos bx \\ e^{ax}\sin bx \end{pmatrix}.$$

だから

$$\begin{aligned} \begin{pmatrix} I_C \\ I_S \end{pmatrix} &= \begin{pmatrix} a & -b \\ b & a \end{pmatrix}^{-1} \begin{pmatrix} e^{ax}\cos bx \\ e^{ax}\sin bx \end{pmatrix} \\ &= \frac{1}{a^2+b^2} \begin{pmatrix} a & b \\ -b & a \end{pmatrix} \begin{pmatrix} e^{ax}\cos bx \\ e^{ax}\sin bx \end{pmatrix} \\ &= \frac{1}{a^2+b^2} \begin{pmatrix} a\,e^{ax}\cos bx + b\,e^{ax}\sin bx \\ -b\,e^{ax}\cos bx + a\,e^{ax}\sin bx \end{pmatrix}. \end{aligned}$$

このようにして，いろいろな分野で使われる重要な等式が得られた．

$$(I_C =) \int e^{ax}\cos bx\, dx = \frac{e^{ax}}{a^2+b^2}(a\cos bx + b\sin bx) + C,$$

$$(I_S =) \int e^{ax}\sin bx\, dx = \frac{e^{ax}}{a^2+b^2}(-b\cos bx + a\sin bx) + C.$$

これから

$$\int_0^{\pi} e^{-2x}\sin 3x\, dx = \left[\frac{e^{-2x}}{(-2)^2+3^2}(-3\cos 3x - 2\sin 3x)\right]_0^{\pi} = \frac{3}{13}(e^{-2\pi}+1).$$ ▮

4.3 不定積分 $\displaystyle\int \frac{dx}{2x^2-6}$ を求めよ．

解答 次のように変形する．

$$\int \frac{dx}{2x^2-6} = \frac{1}{2}\int \frac{dx}{x^2-3} = \frac{1}{2}\int \frac{dx}{(x+\sqrt{3})(x-\sqrt{3})}.$$

そこで被積分関数を部分分数分解する．

$$\frac{1}{(x+\sqrt{3})(x-\sqrt{3})} = \frac{a}{x+\sqrt{3}} + \frac{b}{x-\sqrt{3}}.$$

右辺の通分を行って

$$\frac{a}{x+\sqrt{3}}+\frac{b}{x-\sqrt{3}}=\frac{a(x-\sqrt{3})+b(x+\sqrt{3})}{(x+\sqrt{3})(x-\sqrt{3})}=\frac{(a+b)x+\sqrt{3}(-a+b)}{(x+\sqrt{3})(x-\sqrt{3})}.$$

ゆえに

$$\begin{cases} a+b = 0, \\ \sqrt{3}(-a+b) = 1. \end{cases}$$

したがって，$a=-1/(2\sqrt{3})$, $b=1/(2\sqrt{3})$ なので

$$\int \frac{dx}{2x^2-6}=\frac{1}{2}\frac{1}{2\sqrt{3}}\left(-\int\frac{dx}{x+\sqrt{3}}+\int\frac{dx}{x-\sqrt{3}}\right)$$
$$=\frac{1}{4\sqrt{3}}\left(-\log_e|x+\sqrt{3}|+\log_e|x-\sqrt{3}|+C\right)=\frac{1}{4\sqrt{3}}\log_e\left|\frac{x-\sqrt{3}}{x+\sqrt{3}}\right|+C.$$

▮

4.4 $t=\tan\dfrac{x}{2}$ という置換積分によって不定積分 $\displaystyle\int\frac{dx}{\tan x}$ を求めよ.

解答 $\tan x=\dfrac{2t}{1-t^2}$, $dx=\dfrac{2}{1+t^2}dt$ なので

$$\int\frac{dx}{\tan x}=\int\frac{1-t^2}{2t}\frac{2}{1+t^2}\,dt=\int\frac{1-t^2}{t(1+t^2)}\,dt.$$

ここで，定数 a, b, c を用いて次のように部分分数に分解する.

$$\frac{1-t^2}{t(1+t^2)}=\frac{a}{t}+\frac{bt+c}{1+t^2}.$$

右辺を通分すると

$$\frac{a}{t}+\frac{bt+c}{1+t^2}=\frac{a(1+t^2)+t(bt+c)}{t(1+t^2)}=\frac{(a+b)t^2+ct+a}{t(1+t^2)}.$$

ゆえに

$$\begin{cases} a+b=-1, \\ c=0, \\ a=1. \end{cases}$$

したがって，$a=1$, $b=-2$, $c=0$ なので

$$\int\frac{dx}{\tan x}=\int\left(\frac{1}{t}-\frac{2t}{1+t^2}\right)dt=\log_e|t|-\log_e(1+t^2)+C_1=\log_e\left|\frac{t}{1+t^2}\right|+C_1$$
$$=\log_e\left|\frac{1}{2}\sin x\right|+C_1=\log_e|\sin x|+\log_e\frac{1}{2}+C_1=\log_e|\sin x|+C.$$

ここで $\sin x=\dfrac{2t}{1+t^2}$ を使い，また $C=\log_e\dfrac{1}{2}+C_1$ とおいた.

追記:　この不定積分は置換積分をしなくても，以下のようにしても求まる.

$$\int\frac{dx}{\tan x}=\int\frac{\cos x}{\sin x}\,dx=\log_e|\sin x|+C.$$

▮

4.5　次の広義積分の値を求めよ．

(1) $\displaystyle\int_0^{\infty} x\,e^{-x^2}\,dx$　　(2) $\displaystyle\int_0^{\infty} e^{-2x}\sin 3x\,dx$　　(3) $\displaystyle\int_2^{6} \frac{dx}{\sqrt{x-2}}$

解答　(1)　M は任意の正数とする．

$$\int_0^M x\,e^{-x^2}\,dx = \left[-\frac{1}{2}e^{-x^2}\right]_0^M = -\frac{1}{2}\left(e^{-M^2}-1\right) \to \frac{1}{2} \quad (M\to\infty).$$

したがって

$$\int_0^{\infty} x\,e^{-x^2}\,dx = \frac{1}{2}.$$

(2)　上の章末問題 **4.2** の (3) で導いた次の公式を使おう．

$$\int e^{ax}\sin bx\,dx = \frac{e^{ax}}{a^2+b^2}\,(-b\cos bx + a\sin bx) + C.$$

M を任意の正数とするとき

$$\int_0^M e^{-2x}\sin 3x\,dx = \left[\frac{e^{-2x}}{13}\,(-3\cos 3x - 2\sin 3x)\right]_0^M$$
$$= \frac{e^{-2M}}{13}\,(-3\cos 3M - 2\sin 3M) + \frac{3}{13} \to \frac{3}{13} \quad (M\to\infty).$$

なぜなら，実数 A, B に対して $|A\,B| = |A|\,|B|$, $|A+B| \leqq |A|+|B|$ に注意して

$$\left|e^{-2M}\,(-3\cos 3M - 2\sin 3M)\right| \leqq e^{-2M}\,|-3\cos 3M - 2\sin 3M|$$
$$\leqq e^{-2M}\,(3\,|\cos 3M| + 2\,|\sin 3M|) \leqq e^{-2M}\,(3\cdot 1 + 2\cdot 1) \to 0 \quad (M\to\infty).$$

ここで，$|\cos 3M| \leqq 1$, $|\sin 3M| \leqq 1$ を使った．したがって

$$\int_0^{\infty} e^{-2x}\sin 3x\,dx = \frac{3}{13}.$$

(3)　被積分関数 $\dfrac{1}{\sqrt{x-2}}$ は点 $x=2$ のみで発散しているので，ε を任意の正数として

$$\int_{2+\varepsilon}^{6} \frac{dx}{\sqrt{x-2}} = \left[2\sqrt{x-2}\right]_{2+\varepsilon}^{6} = 2\left(\sqrt{4}-\sqrt{\varepsilon}\right) \to 4 \quad (\varepsilon\to 0).$$

したがって

$$\int_2^{6} \frac{dx}{\sqrt{x-2}} = 4.$$

∎

4.6　4.6 節の微分方程式 (4.8) において，ボールの速度 v が小さいときは空気抵抗が kv となる場合がある．ここで，k は比例定数である．このとき，落下するボールについての運動方程式は次のようになる．

$$m\frac{dv}{dt} = mg - kv. \tag{4.15}$$

(1)　微分方程式 (4.15) の一般解を求めよ．

(2)　初期条件 $t=0$ のとき $v=0$ を満たす微分方程式 (4.15) の特殊解を求めよ.

(3)　(2) で得られた特殊解の終速度を求めよ.

解答　(1)　微分方程式 (4.15) の両辺を m で割って $a=k/m$ とおけば

$$\frac{dv}{dt}=g-av \quad\Longrightarrow\quad \int\frac{dv}{g-av}=\int dt \quad\Longrightarrow\quad -\frac{1}{a}\log_e|g-av|=t+C_1$$

$$\Longrightarrow |g-av|=e^{-aC_1}e^{-at} \quad\Longrightarrow\quad g-av=\pm e^{-aC_1}e^{-at} \quad\Longrightarrow\quad v=\frac{g}{a}\mp\frac{e^{-aC_1}}{a}e^{-at}.$$

ここで $C=\mp e^{-aC_1}/a$ とおけば，次の一般解が得られる.

$$v=\frac{mg}{k}+C\,e^{-kt/m}. \tag{4.16}$$

(2)　(4.16) に初期条件 $t=0,\ v=0$ を代入して

$$0=\frac{mg}{k}+C \quad ゆえに \quad C=-\frac{mg}{k}.$$

上のように C の値が定まったので，初期条件 $t=0$ のとき $v=0$ を満たす特殊解は

$$v=\frac{mg}{k}\left(1-e^{-kt/m}\right).$$

(3)　(2) で得られた特殊解の終速度は

$$\lim_{t\to\infty}v=\lim_{t\to\infty}\frac{mg}{k}\left(1-e^{-kt/m}\right)=\frac{mg}{k}.$$

∎

5

2変数関数の積分法（重積分）

xy 平面上の領域 D を有界な閉領域とする．この章では，D の上で定義された x と y の2変数関数 $f(x, y)$ を D の上で x と y の両方について同時に定積分することを学ぶ．このような定積分を重積分という．

5.1　重積分の定義と性質

n を正の整数とする．xy 平面上の有界な閉領域 D を n 個に分けて得られる微小な小領域を D_1, $D_2, \ldots, D_n$ とし，それらの面積をそれぞれ $m(D_1), m(D_2), \ldots, m(D_n)$ とおく．図5.1参照．

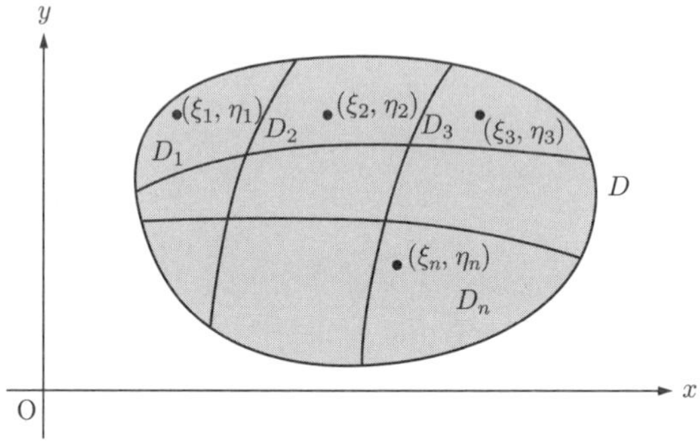

図 5.1

次に，各々の小領域から点を1つずつ選び，小領域 $D_1, D_2, \ldots, D_n$ から選んだ点の座標をそれぞれ $(\xi_1, \eta_1), (\xi_2, \eta_2), \ldots, (\xi_n, \eta_n)$ とおく．これらの点における2変数関数 $f(x, y)$ の値はそれぞれ $f(\xi_1, \eta_1), f(\xi_2, \eta_2), \ldots, f(\xi_n, \eta_n)$ となる．

続いて，次のような和を考える:

$$S_n = \sum_{k=1}^{n} f(\xi_k, \eta_k)\, m(D_k).$$

有界な閉領域 D を1個に分ければ（すなわち，分けていないが）値 S_1 が得られ，2個に分ければ値 S_2 が得られ，そして3個に分ければ値 S_3 が得られる．このようにして，数列 $S_1, S_2, S_3, \ldots$ が得られる.

最後に n を限りなく大きくして領域 D を限りなく多数の小領域に分ける. このとき, それぞれの小領域は各々の 1 点に収縮するように領域 D を限りなく細かく分ける. このように n を限りなく大きくしたとき, 数列 $S_1, S_2, S_3, \ldots$ がある値 S に収束したとしよう.

この極限値 S は, (1) 小領域 $D_1, D_2, \ldots, D_n$ からそれぞれ選ばれた点 $(\xi_1, \eta_1), (\xi_2, \eta_2), \ldots, (\xi_n, \eta_n)$ の選び方によらないものとする. さらに, S は (2) 領域 D の小領域 $D_1, D_2, \ldots, D_n$ への分け方にもよらないものとする, つまり, 領域 D を小領域 $D_1, D_2, \ldots$ へ等しく分けてもそうでなくても, S の値は変わらないものとする. これら (1) と (2) の 2 つの条件は, 2 変数関数 $f(x, y)$ が有界な閉領域 D で連続であれば満たされる (すぐ下の定理を参照).

これら (1) と (2) の 2 つの条件が満たされるとき, 2 変数関数 $f(x, y)$ は領域 D で **2 重積分可能**であるという. そして, 極限値 S を 2 変数関数 $f(x, y)$ の領域 D における **重積分** (multiple integral) (あるいは **2 重積分** (double integral)) と呼び, 次のように表す:

$$S = \iint_D f(x, y)\,dxdy.$$

定理 5.1 2 変数関数 $f(x, y)$ が有界な閉領域 D で連続であれば, D で 2 重積分可能である.

この定理の証明は省略する. 上で述べた重積分の定義から, 直ちに次の定理を得る.

定理 5.2 2 変数関数 $f(x, y)$ と $g(x, y)$ は有界な閉領域 D で連続であるとする.

(1) c を定数とするとき, $\displaystyle\iint_D c\,f(x, y)\,dxdy = c\iint_D f(x, y)\,dxdy.$

(2) $$\iint_D \{f(x, y) + g(x, y)\}\,dxdy = \iint_D f(x, y)\,dxdy + \iint_D g(x, y)\,dxdy.$$

(3) D が有界な閉領域 D_1 と有界な閉領域 D_2 に分けられ, D_1 と D_2 の交わりの面積が 0 であれば, $\displaystyle\iint_D f(x, y)\,dxdy = \iint_{D_1} f(x, y)\,dxdy + \iint_{D_2} f(x, y)\,dxdy.$

(4) $$\left|\iint_D f(x, y)\,dxdy\right| \leqq \iint_D |f(x, y)|\,dxdy.$$

また, D のすべての点で $f(x, y) \geqq 0$ であれば, $\displaystyle\iint_D f(x, y)\,dxdy \geqq 0.$

5.2 累次積分

図 5.2 のような長方形の形をした, xy 平面上の領域

$$D_0 = \{(x, y) : a \leqq x \leqq b, \quad c \leqq y \leqq d\}$$

を考える. ここで, a, b, c, d は定数である. この有界な閉領域 D_0 で連続な 2 変数関数 $g(x, y)$ の D_0 における重積分は次のように計算される.

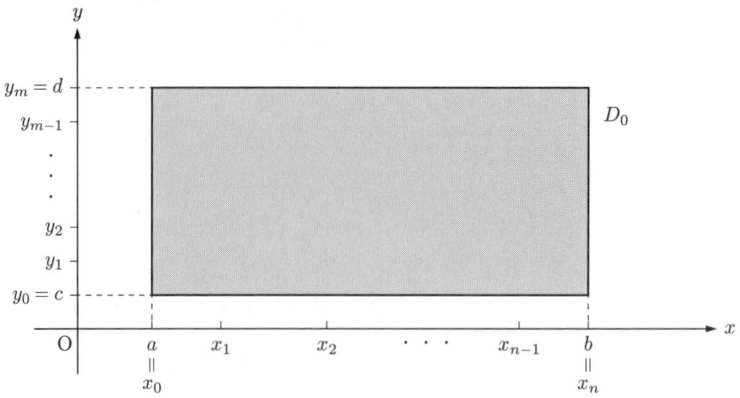

図 5.2

定理 5.3　上の領域 D_0 で2変数関数 $g(x, y)$ は連続であるとする．このとき，

$$\iint_{D_0} g(x, y)\,dxdy = \int_a^b \left\{ \int_c^d g(x, y)\,dy \right\} dx,$$

$$\iint_{D_0} g(x, y)\,dxdy = \int_c^d \left\{ \int_a^b g(x, y)\,dx \right\} dy.$$

上の定理における各々の等式の右辺を**累次積分** (iterated integral) という．

証明　上の2つの等式のうち，最初の等式を証明する．2番目の等式も同様に証明できる．

区間 $[a, b]$ を n 個に細かく分ける： $a = x_0 < x_1 < x_2 < \cdots < x_n = b$. また，区間 $[c, d]$ も m 個に細かく分ける： $c = y_0 < y_1 < y_2 < \cdots < y_m = d$. 図 5.2 を参照.

変数 x のみの関数 $G(x)$ を以下のように定義する．

$$G(x) = \int_c^d g(x, y)\,dy.$$

関数 $G(x)$ は最初の等式の右辺の被積分関数であり，変数 x のみの関数であることに注意．関数 $G(x)$ は実は連続であることが示せる（証明は省略）ので，関数 $G(x)$ を変数 x について a から b まで定積分できる：

$$\int_a^b \left\{ \int_c^d g(x, y)\,dy \right\} dx = \int_a^b G(x)\,dx = \lim_{n\to\infty} \left\{ \sum_{i=1}^n G(\xi_i)\,(x_i - x_{i-1}) \right\}.$$

ここで，定積分を区分求積で表した．ただし，点 ξ_i $(i = 1, 2, 3, \ldots, n)$ は小区間 $[x_{i-1}, x_i]$ に属する．さて，値 $G(\xi_i)$ は

$$G(\xi_i) = \int_c^d g(\xi_i, y)\,dy = \lim_{m\to\infty} \left\{ \sum_{j=1}^m g(\xi_i, \eta_j)\,(y_j - y_{j-1}) \right\}.$$

ここでも，y についての定積分を y についての区分求積で表した．ただし，点 η_j $(j = 1, 2, 3, \ldots, m)$

は小区間 $[y_{j-1},\, y_j]$ に属する．ゆえに

$$\int_a^b \left\{ \int_c^d g(x,\, y)\, dy \right\} dx = \lim_{\substack{n\to\infty \\ m\to\infty}} \left\{ \sum_{i=1}^{n} \sum_{j=1}^{m} g(\xi_i,\, \eta_j)\,(x_i - x_{i-1})(y_j - y_{j-1}) \right\}.$$

ここで，値 $(x_i - x_{i-1})(y_j - y_{j-1})$ は領域 D_0 を細かく分けてできる 1 つの小領域の面積に等しく，点 $(\xi_i,\, \eta_j)$ はこの小領域に属していることに注意しよう．したがって，正の整数 n と m の両方を限りなく大きくして D_0 を限りなく細かく分ければ，すぐ上の等式の右辺は 2 変数関数 $g(x,\, y)$ の D_0 における重積分に一致するので，

$$\int_a^b \left\{ \int_c^d g(x,\, y)\, dy \right\} dx = \iint_{D_0} g(x,\, y)\, dxdy.$$ ▮

今度は図 5.3 のような形をした，xy 平面上の領域

$$D = \{(x,\, y) : a \leqq x \leqq b, \quad \phi(x) \leqq y \leqq \psi(x)\}$$

や

$$D' = \{(x,\, y) : c \leqq y \leqq d, \quad h(y) \leqq x \leqq g(y)\}$$

における累次積分がどうなるかを考えよう．ここで，$\phi(x)$ と $\psi(x)$ は変数 x の関数であり，また $h(y)$ と $g(y)$ は変数 y の関数である．たとえば，$h(y) = -1,\, g(y) = (y+4)^2$ など．

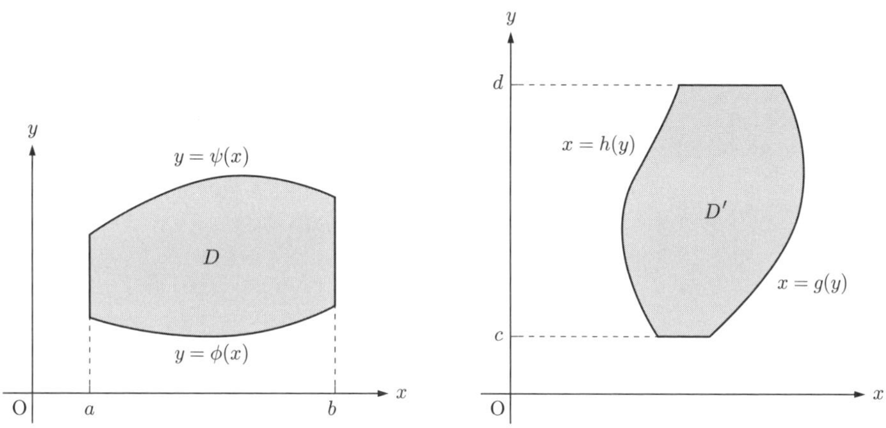

図 5.3

定理 5.4 上の領域 D で 2 変数関数 $f(x,\, y)$ は連続であるとする．このとき，

$$\iint_D f(x,\, y)\, dxdy = \int_a^b \left\{ \int_{\phi(x)}^{\psi(x)} f(x,\, y)\, dy \right\} dx.$$

同様にして，上の領域 D' で 2 変数関数 $f(x,\, y)$ が連続であれば，

$$\iint_{D'} f(x,\, y)\, dxdy = \int_c^d \left\{ \int_{h(y)}^{g(y)} f(x,\, y)\, dx \right\} dy.$$

上の定理における等式の右辺も**累次積分**という．

証明　領域 D のすべての点 (x, y) で $f(x, y) \geqq 0$ とする．D のすべての点 (x, y) で $f(x, y) \leqq 0$ となるときも同様に扱える．D で $f(x, y)$ が正にも負にもなるときは，D を $f(x, y)$ が正である領域と負である領域に分ければよい．

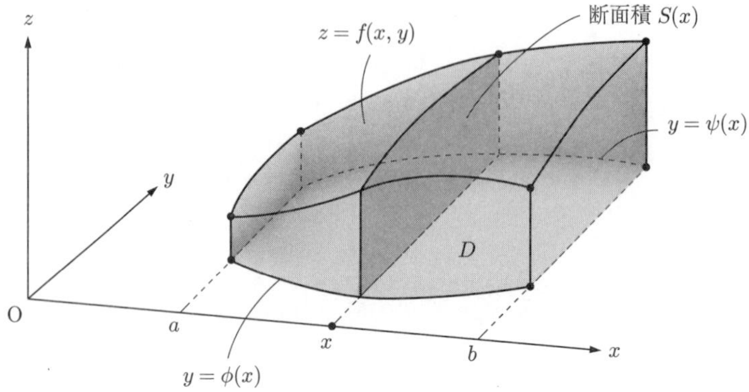

図 5.4

定理の等式の左辺は図 5.4 にある立体の体積 V に等しいことに注意しよう．ゆえに，

$$\iint_D f(x, y)\,dxdy = V.$$

x 軸上の点 x を通り，x 軸に垂直に交わる平面による立体の断面積 $S(x)$ は図 5.4 の斜線部分の面積になるので，

$$V = \int_a^b S(x)\,dx.$$

他方，断面積 $S(x)$ は

$$S(x) = \int_{\phi(x)}^{\psi(x)} f(x, y)\,dy$$

で与えられるので，

$$\iint_D f(x, y)\,dxdy = V = \int_a^b \left\{ \int_{\phi(x)}^{\psi(x)} f(x, y)\,dy \right\} dx.$$

定理における，もう1つの等式も同様に示せる．∎

例 5.1　図 5.5 のような長方形の領域 $D_1 = \{(x, y) : 0 \leqq x \leqq 2,\ 1 \leqq y \leqq 4\}$ で定義された2変数関数 $f(x, y) = 3x^2 + 2xy$ の D_1 における重積分の値を求めよう．定理 5.3 において $a = 0, b = 2, c = 1, d = 4$ なので，

$$\iint_{D_1} (3x^2 + 2xy)\,dxdy = \int_0^2 \left\{ \int_1^4 (3x^2 + 2xy)\,dy \right\} dx.$$

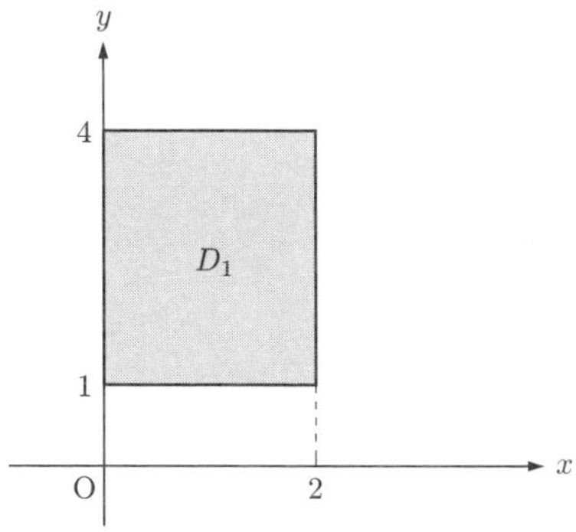

図 5.5

右辺では被積分関数 $3x^2+2xy$ をまずは変数 y について $y=1$ から $y=4$ まで定積分することになるが，このとき，この被積分関数を $\boldsymbol{y}$ のみの関数と見なして定積分を行う．したがって，

$$\begin{aligned}\iint_{D_1}(3x^2+2xy)\,dxdy &= \int_0^2 \left\{\left[3x^2y+xy^2\right]_{y=1}^{y=4}\right\}dx \\ &= \int_0^2 \{(3x^2\cdot 4+x\cdot 4^2)-(3x^2\cdot 1+x\cdot 1^2)\}\,dx \\ &= \int_0^2 \{9x^2+15x\}\,dx \\ &= \left[3x^3+\frac{15}{2}x^2\right]_{x=0}^{x=2} \\ &= 54.\end{aligned}$$

例 5.2 図 5.6 のような，x 軸と y 軸と直線 $2x+y-8=0$ によって囲まれる領域 $D_2=\{(x,y): x\geqq 0,\, y\geqq 0,\, 2x+y-8\leqq 0\}$ で定義された，上と同じ 2 変数関数 $f(x,y)$ の D_2 における重積分の値を求めよう．定理 5.4 において $a=0$, $b=4$, $\phi(x)=0$, $\psi(x)=-2x+8$ なので，

$$\iint_{D_2}(3x^2+2xy)\,dxdy=\int_0^4\left\{\int_0^{-2x+8}(3x^2+2xy)\,dy\right\}dx.$$

右辺では被積分関数 $3x^2+2xy$ をまずは変数 y について $y=0$ から $y=-2x+8$ まで定積分することになるが，すぐ上の例と同様にこのときも，この被積分関数を $\boldsymbol{y}$ のみの関数と見なして定積分を行う．したがって，

$$\begin{aligned}\iint_{D_2}(3x^2+2xy)\,dxdy &= \int_0^4 \left\{\left[3x^2y+xy^2\right\}_{y=0}^{y=-2x+8}\right\}dx \\ &= \int_0^4 \{3x^2(-2x+8)+x(-2x+8)^2-(3x^2\cdot 0+x\cdot 0^2)\}\,dx \\ &= \int_0^4 \{-2x^3-8x^2+64x\}\,dx\end{aligned}$$

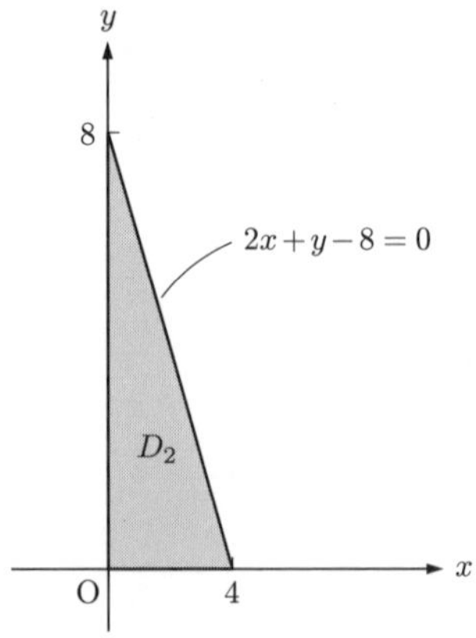

図 5.6

$$= \left[-\frac{x^4}{2} - \frac{8x^3}{3} + 32x^2 \right]_{x=0}^{x=4}$$
$$= \frac{640}{3}.$$

例題 5.1　例 5.2 において，今度は積分の順番を逆にして変数 x についての積分を先に行うことによって，重積分 $\iint_{D_2} (3x^2 + 2xy)\,dxdy$ の値を求めよ．

解答　定理 5.4 において $c = 0,\ d = 8,\ h(y) = 0,\ g(y) = -\dfrac{y}{2} + 4$ なので，

$$\iint_{D_2} (3x^2 + 2xy)\,dxdy = \int_0^8 \left\{ \int_0^{-\frac{y}{2}+4} (3x^2 + 2xy)\,dx \right\} dy.$$

今度は，右辺の被積分関数 $3x^2+2xy$ をまずは変数 $\boldsymbol{x}$ のみの関数と見なして，$x = 0$ から $x = -\dfrac{y}{2}+4$ まで定積分するので，

$$\iint_{D_2} (3x^2 + 2xy)\,dxdy = \int_0^8 \left\{ \left[x^3 + x^2 y \right]_{x=0}^{x=-\frac{y}{2}+4} \right\} dy$$
$$= \int_0^8 \left\{ \left(-\frac{y}{2} + 4 \right)^3 + \left(-\frac{y}{2} + 4 \right)^2 y - (0^3 + 0^2\,y) \right\} dy$$
$$= \int_0^8 \left\{ \frac{y^3}{8} - y^2 - 8y + 64 \right\} dy$$
$$= \left[\frac{y^4}{32} - \frac{y^3}{3} - 4y^2 + 64y \right]_{y=0}^{y=8}$$
$$= \frac{640}{3}.$$

したがって，例 5.2 と同じ結果を得た．　∎

5.3 変数変換

これまでは，2 変数関数 $f(x, y)$ の積分変数 x, y についての重積分を扱ってきたが，2 変数関数 $f(x, y)$ によっては積分変数 x, y についての重積分が困難であったり，あるいは不可能であったりすることがある．このようなときは積分変数を他の積分変数へ変換すれば重積分を容易に計算できることがある．そこでこの節では，積分変数を直交座標 x, y から**平面極座標** (plain polar coordinates) r, θ という新たな積分変数へ変換して重積分を実行しよう．

直交座標 x, y と平面極座標 r, θ の間には，

$$x = r\cos\theta, \quad y = r\sin\theta$$

という関係式があったことに注意しよう．これらの関係式から，逆に平面極座標を直交座標で表すこともできる:

$$r = \sqrt{x^2 + y^2}, \quad \tan\theta = \frac{y}{x} \quad \left(\text{あるいは } \theta = \tan^{-1}\frac{y}{x}\right).$$

2 変数関数 $f(x, y)$ は xy 平面上のある領域 D で定義された連続な関数とする．直交座標と平面極座標の間の上の関係式によって，xy 平面上のある領域 D が $r\theta$ 平面上のある領域 E に写されるとする（図 5.7 参照）．ここで，領域 D の点 (x, y) と 領域 E の点 (r, θ) は 1 対 1 に対応しているとする．このとき，次の定理が成り立つ．

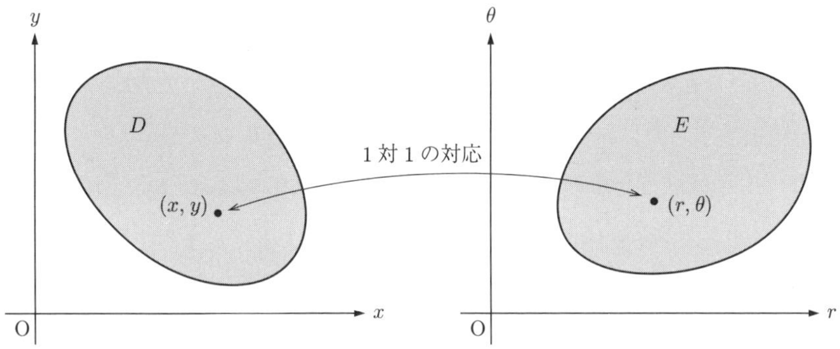

図 **5.7**

定理 5.5 xy 平面上の領域 D が $r\theta$ 平面上の領域 E に 1 対 1 に写されるとし，また領域 D で 2 変数関数 $f(x, y)$ は連続であるとする．このとき，

$$\iint_D f(x, y)\,dxdy = \iint_E f(r\cos\theta, r\sin\theta)\, r\,drd\theta.$$

証明 **ステップ 1** 領域 E を r 軸に平行な複数の直線と θ 軸に平行な複数の直線で分割すると，領域 E が何個かの様々な面積をもつ長方形と何個かの様々な面積をもつ長方形以外の部分に分割される．これら長方形の数を n とおいて長方形を $E_1, E_2, \cdots, E_n$ と名付け，また何個かの様々な面積をもつ長方形以外の部分の全体を $E_{\text{長方形以外}}$ と名付ける．図 5.8 を参照．これらの面積をそれぞれ

$m(E_1), m(E_2), \cdots, m(E_n), m(E_{長方形以外})$ とおけば，領域 E は $E_1, E_2, \cdots, E_n$ と $E_{長方形以外}$ から構成されているので，領域 E の面積 $m(E)$ は

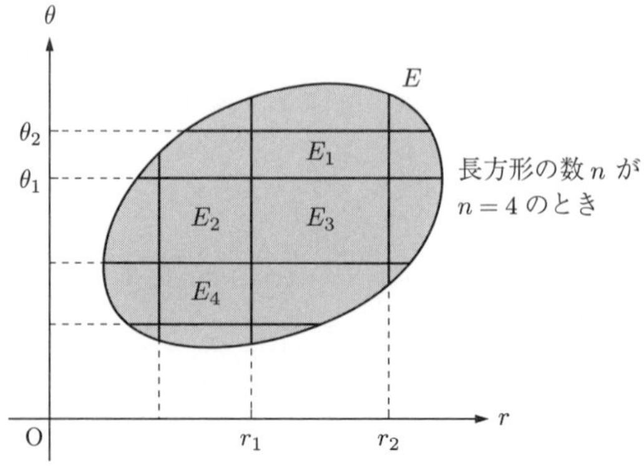

図 **5.8**

$$m(E) = m(E_1) + m(E_2) + \cdots + m(E_n) + m(E_{長方形以外})$$
$$= \sum_{k=1}^{n} m(E_k) + m(E_{長方形以外}).$$

ここで，領域 E を分割するとき，r 軸に平行な直線の数と θ 軸に平行な直線の数をそれぞれ限りなく大きくすれば，様々な面積をもつ長方形の数 n も限りなく大きくなり，長方形以外の部分の全体の面積 $E_{長方形以外}$ は限りなく小さくなるので，

$$m(E) - \{m(E_1) + m(E_2) + \cdots + m(E_n)\} = m(E_{長方形以外}) \to 0 \quad (n \to \infty).$$

ステップ 2　長方形 E_1 は $r\theta$ 平面上の長方形なので，E_1 によって定まる定数 $r_1, r_2, \theta_1, \theta_2$ が存在して，次のように表せる（図 5.8 参照）：

$$E_1 = \{(r, \theta) : \ r_1 \leqq r \leqq r_2 \,, \ \theta_1 \leqq \theta \leqq \theta_2\}.$$

変換 $x = r\cos\theta, y = r\sin\theta$ によって長方形 E_1 は xy 平面上の扇形 D_1 に写される（図 5.9 参照）：

$$D_1 = \left\{(x, y) : \ r_1 \leqq \sqrt{x^2+y^2} \leqq r_2 \,, \ \tan\theta_1 \leqq \frac{y}{x} \leqq \tan\theta_2\right\}.$$

長方形 E_1 の面積 $m(E_1)$ は $m(E_1) = (r_2 - r_1)(\theta_2 - \theta_1)$ だから，扇形 D_1 の面積 $m(D_1)$ は

$$m(D_1) = \pi\,(r_2)^2\,\frac{\theta_2-\theta_1}{2\pi} - \pi\,(r_1)^2\,\frac{\theta_2-\theta_1}{2\pi} = \frac{r_2+r_1}{2}\,m(E_1) = \rho_1\,m(E_1).$$

ここで，$\rho_1 = (r_2 + r_1)/2$ とおいた．ゆえに，

$$f(\rho_1\cos\theta_1 \,, \rho_1\sin\theta_1)\,\rho_1\,m(E_1) = f(\xi_1 \,, \eta_1)\,m(D_1).$$

ここでさらに，$\xi_1 = \rho_1\cos\theta_1, \eta_1 = \rho_1\sin\theta_1$ とおいた．点 $(\xi_1 \,, \eta_1)$ は D_1 に属する点であることに注意しよう．

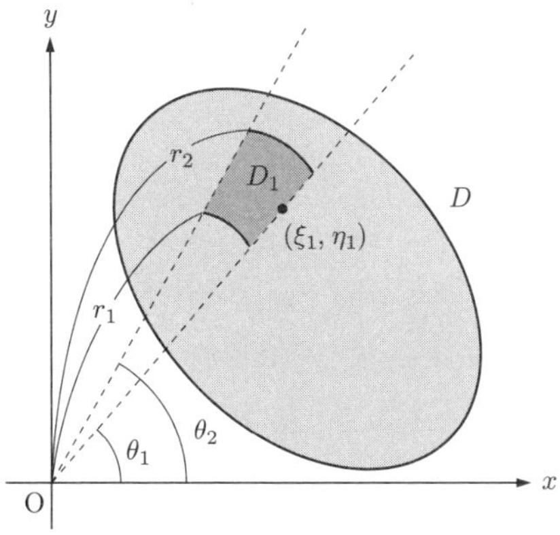

図 **5.9**

変換 $x = r\cos\theta$, $y = r\sin\theta$ によって，残りの長方形 E_k $(k = 2, 3, \cdots, n)$ も xy 平面上の扇形 D_k $(k = 2, 3, \cdots, n)$ に写されるとすれば，同様な式

$$f(\rho_k\cos\theta_k\,,\ \rho_k\sin\theta_k)\,\rho_k\, m(E_k) = f(\xi_k\,,\ \eta_k)\, m(D_k) \quad (k = 2, 3, \cdots, n).$$

を得る．ここで，点 $(\xi_k\,,\ \eta_k)$ は D_k に属する点であることに注意しよう．したがって，

$$\sum_{k=1}^{n} f(\rho_k\cos\theta_k\,,\ \rho_k\sin\theta_k)\,\rho_k\, m(E_k) = \sum_{k=1}^{n} f(\xi_k\,,\ \eta_k)\, m(D_k).$$

この式から，

$$\left|\iint_D f(x,\, y)\,dxdy - \iint_E f(r\cos\theta,\, r\sin\theta)\, r\,drd\theta\right| \tag{5.1}$$

$$\leqq \left|\iint_D f(x,\, y)\,dxdy - \sum_{k=1}^{n} f(\xi_k\,,\ \eta_k)\, m(D_k)\right| \tag{5.2}$$

$$+ \left|\sum_{k=1}^{n} f(\rho_k\cos\theta_k\,,\ \rho_k\sin\theta_k)\,\rho_k\, m(E_k) - \iint_E f(r\cos\theta,\, r\sin\theta)\, r\,drd\theta\right|. \tag{5.3}$$

ここで，実数 A, B, C, D について $|A-B| \leqq |A-C| + |C-B|$ を使った．

ステップ 3 領域 D の扇形 $D_1, D_2, \cdots, D_n$ 以外の部分の全体を $D_{扇形以外}$ とすれば，領域 D は n 個の扇形 $D_1, D_2, \cdots, D_n$ と $D_{扇形以外}$ から構成されている．だから，(5.2) は

$$\left|\iint_D f(x,\, y)\,dxdy - \sum_{k=1}^{n} f(\xi_k\,,\ \eta_k)\, m(D_k)\right|$$

$$= \left|\iint_{D_{扇形以外}} f(x,\, y)\,dxdy + \sum_{k=1}^{n}\iint_{D_k} f(x,\, y)\,dxdy - \sum_{k=1}^{n} f(\xi_k\,,\ \eta_k)\, m(D_k)\right|$$

$$\leqq \left|\iint_{D_{扇形以外}} f(x,\, y)\,dxdy\right| + \sum_{k=1}^{n}\left|\iint_{D_k} f(x,\, y)\,dxdy - f(\xi_k\,,\ \eta_k)\, m(D_k)\right|$$

$$\leqq \left|\iint_{D_{扇形以外}} f(x,\,y)\,dxdy\right| + \sum_{k=1}^{n}\iint_{D_k} |\,f(x,\,y) - f(\xi_k\,,\,\eta_k)\,|\,dxdy. \tag{5.4}$$

ここで，$f(\xi_k\,,\,\eta_k)\,m(D_k) = f(\xi_k\,,\,\eta_k)\displaystyle\iint_{D_k} dxdy = \iint_{D_k} f(\xi_k\,,\,\eta_k)\,dxdy$ を使った．

上で述べたように，r 軸に平行な直線の数と θ 軸に平行な直線の数をそれぞれ限りなく大きくすることにより，領域 E を限りなく多数に分割すれば，長方形以外の部分の全体の面積 $m(E_{長方形以外})$ は限りなく小さくなったことを思い出そう．したがって，xy 平面上の n 個の扇形以外の部分の全体の面積 $m(D_{扇形以外})$ も限りなく小さくなるので，(5.4) の第1項は 0 に収束する:

$$\left|\iint_{D_{扇形以外}} f(x,\,y)\,dxdy\right| \to 0 \quad (n \to \infty).$$

(5.4) の第2項についても D_k を必要に応じてさらに分割すれば，$|\,f(x,\,y) - f(\xi_k\,,\,\eta_k)| \to 0$ なので，(5.4) の第2項も 0 に収束することがわかる（これは $\varepsilon - \delta$ 論理と呼ばれるもので正当化できる）．したがって，(5.4) は 0 に収束するので，(5.2) も 0 に収束する．

ステップ4 (5.3) についても同様である．(5.3) は

$$\begin{aligned}
&\left|\sum_{k=1}^{n} f(\rho_k\cos\theta_k\,,\,\rho_k\sin\theta_k)\,\rho_k\,m(E_k) - \iint_{E} f(r\cos\theta,\,r\sin\theta)\,r\,drd\theta\right| \\
&\leqq \left|\sum_{k=1}^{n} f(\rho_k\cos\theta_k\,,\,\rho_k\sin\theta_k)\,\rho_k\,m(E_k) - \sum_{k=1}^{n}\iint_{E_k} f(r\cos\theta,\,r\sin\theta)\,r\,drd\theta\right| \\
&+ \left|\sum_{k=1}^{n}\iint_{E_k} f(r\cos\theta,\,r\sin\theta)\,r\,drd\theta - \iint_{E} f(r\cos\theta,\,r\sin\theta)\,r\,drd\theta\right| \\
&\leqq \sum_{k=1}^{n}\left|f(\rho_k\cos\theta_k\,,\,\rho_k\sin\theta_k)\,\rho_k\,m(E_k) - \iint_{E_k} f(r\cos\theta,\,r\sin\theta)\,r\,drd\theta\right| \\
&+ \left|\iint_{E_{長方形以外}} f(r\cos\theta,\,r\sin\theta)\,r\,drd\theta\right| \\
&\leqq \sum_{k=1}^{n}\iint_{E_k} |\,f(\rho_k\cos\theta_k\,,\,\rho_k\sin\theta_k)\,\rho_k - f(r\cos\theta,\,r\sin\theta)\,r\,|\,drd\theta \\
&+ \left|\iint_{E_{長方形以外}} f(r\cos\theta,\,r\sin\theta)\,r\,drd\theta\right|
\end{aligned}$$

なので，(5.3) もやはり 0 に収束することがわかる．したがって，(5.1) は 0 である，すなわち，

$$\iint_{D} f(x,\,y)\,dxdy = \iint_{E} f(r\cos\theta,\,r\sin\theta)\,r\,drd\theta.$$

∎

例 5.3 半径 a の球の体積 V を求めよう．図 5.10 のように，球の中心を原点に一致させて，球の $\dfrac{1}{8}$ の体積 $\dfrac{V}{8}$ を計算してから，これを 8 倍する．中心が原点で半径が a の球面の方程式は

$x^2+y^2+z^2=a^2$ だから，図 5.10 の球面の方程式は $z=\sqrt{a^2-x^2-y^2}$．したがって

$$\frac{V}{8}=\iint_D \sqrt{a^2-x^2-y^2}\,dxdy.$$

ここで，領域 D は図 5.10 のような xy 平面上の，中心が原点で半径が a の円の $\frac{1}{4}$ である．積分

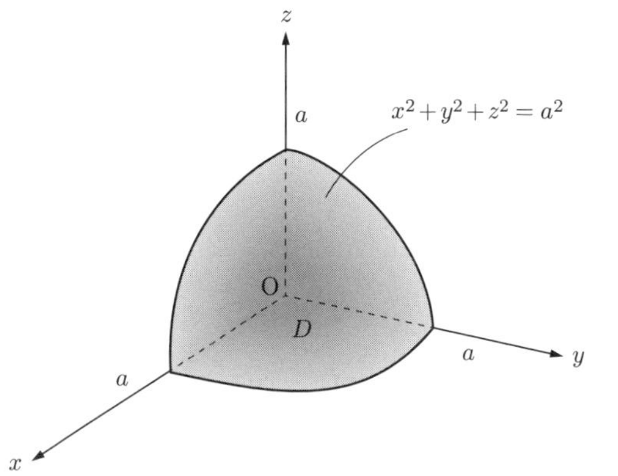

図 5.10

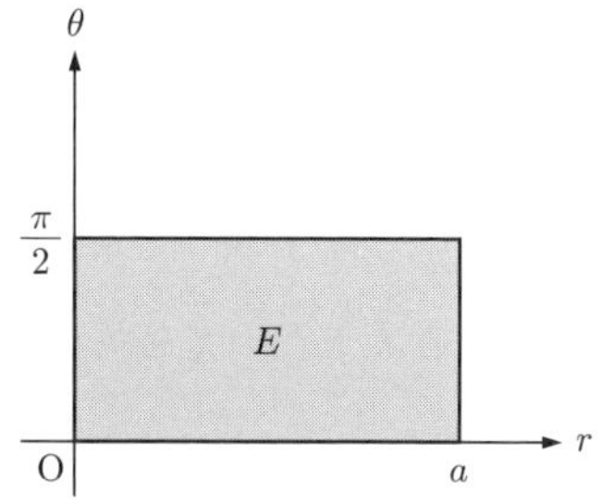

図 5.11

変数を直交座標 x, y から平面極座標 r, θ へ変換すれば，上の定理により

$$\frac{V}{8}=\iint_E \sqrt{a^2-r^2}\,r\,drd\theta.$$

ここで，領域 E は図 5.11 のような $r\theta$ 平面上の長方形である．したがって

$$\begin{aligned}\frac{V}{8}&=\int_0^{\pi/2}\left\{\int_0^a r\sqrt{a^2-r^2}\,dr\right\}d\theta=\int_0^{\pi/2}\left\{\left[-\frac{1}{3}\left(a^2-r^2\right)^{3/2}\right]_{r=0}^{r=a}\right\}d\theta\\&=\int_0^{\pi/2}\frac{a^3}{3}\,d\theta=\frac{\pi a^3}{6}.\end{aligned}$$

ゆえに，半径 a の球の体積 V は

$$V=\frac{4\pi a^3}{3}.$$

例題 5.2 半径 a の円の面積 S を 2 重積分を行うことによって求めよ．

解答 上の例における領域 D は xy 平面上の中心が原点で半径が a の円の $\frac{1}{4}$ なので，領域 D の面積を求めてからそれを 4 倍すればよい．したがって

$$\frac{S}{4}=\iint_D dxdy.$$

重積分の定義から分かるように，この式の右辺は領域 D の面積になることに注意しよう．積分変数

を直交座標 x, y から平面極座標 r, θ へ変換すれば，上の定理により

$$\frac{S}{4} = \iint_E r\, drd\theta.$$

ここで，領域 E は図5.11のような $r\theta$ 平面上の長方形である．だから

$$\frac{S}{4} = \int_0^{\pi/2} \left\{ \int_0^a r\, dr \right\} d\theta = \int_0^{\pi/2} \left\{ \left[\frac{r^2}{2} \right]_{r=0}^{r=a} \right\} d\theta = \int_0^{\pi/2} \frac{a^2}{2}\, d\theta = \frac{\pi a^2}{4}.$$

ゆえに，半径 a の円の面積 S は

$$S = \pi a^2 .$$

■

さて，直交座標 x, y と平面極座標 r, θ の間には，

$$x = r\cos\theta, \quad y = r\sin\theta$$

という関係式があったので，x と y のそれぞれが r と θ の2変数関数とみなせる．そこで，2変数関数 x, y の r と θ についての偏導関数を成分とする次のような行列の行列式を考えよう．

$$\det \begin{pmatrix} \dfrac{\partial x}{\partial r} & \dfrac{\partial x}{\partial \theta} \\ \dfrac{\partial y}{\partial r} & \dfrac{\partial y}{\partial \theta} \end{pmatrix}$$

ここで，det は行列式を表す．この行列式は，直交座標から平面極座標への変数変換の**ヤコビアン** (Jacobian) と呼ばれ，$J(r, \theta)$ や $\dfrac{\partial(x, y)}{\partial(r, \theta)}$ とも書かれる．したがって，

$$\frac{\partial(x, y)}{\partial(r, \theta)} = \det \begin{pmatrix} \cos\theta & -r\sin\theta \\ \sin\theta & r\cos\theta \end{pmatrix} = r\cos^2\theta - (-r)\sin^2\theta = r.$$

この行列式の絶対値 $\left| \dfrac{\partial(x, y)}{\partial(r, \theta)} \right|$ を用いれば，上の定理は以下のようにも書かれる．

$$\iint_D f(x, y)\, dxdy = \iint_E f(r\cos\theta, r\sin\theta) \left| \frac{\partial(x, y)}{\partial(r, \theta)} \right| drd\theta.$$

平面極座標以外の新たな座標へ積分変数を変換する場合も同様である．直交座標 x, y と新たな座標 u, v の間に，

$$x = \phi(u, v), \quad y = \psi(u, v)$$

という関係式があったとしよう．この関係式によって，xy 平面上のある領域 D が uv 平面上のある領域 E に写されるとする．ここで，領域 D の点 (x, y) と 領域 E の点 (u, v) は1対1に対応しているとする．このとき，次の定理が成り立つ（証明は上の定理の証明と同様）．

定理 5.6　関係式

$$x = \phi(u, v), \quad y = \psi(u, v)$$

によって，xy 平面上のある領域 D が uv 平面上のある領域 E に 1 対 1 に写されるとする（図 5.12 参照）．ここで，新たな変数 u と v の 2 変数関数である $\phi(u, v)$ と $\psi(u, v)$ は C^1 級の関数とし，また領域 D で 2 変数関数 $f(x, y)$ は連続であるとする．このとき，

$$\iint_D f(x, y)\,dxdy = \iint_E f\left(\phi(u, v), \psi(u, v)\right) \left|\frac{\partial(x, y)}{\partial(u, v)}\right| dudv.$$

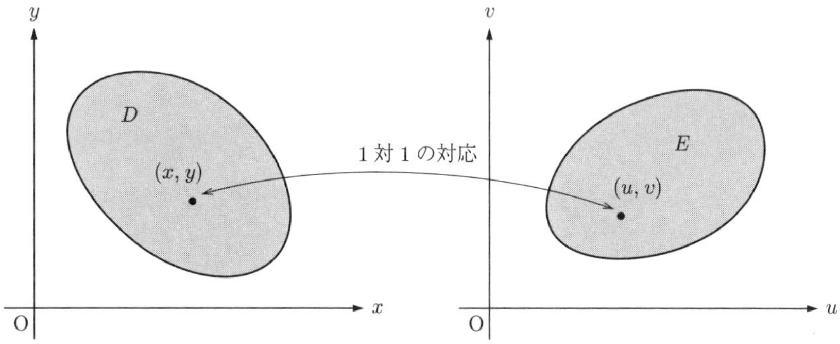

図 5.12

5.4 重積分における広義積分

これまで学んできた重積分では，積分領域は有界であって，さらに積分される 2 変数関数はこの有界な領域で連続な関数であった．しかし，積分領域が有界でなかったり，あるいは積分される 2 変数関数が積分領域のある点で連続でなかったり，または定義されていなかったりする場合でも重積分が扱われる．このような重積分を**広義積分** (improper integral) といい，この節では重積分における広義積分を学ぼう．

5.4.1 積分領域 D が有界でない場合の広義積分

xy 平面上の有界な無数の閉領域 $D_1, D_2, D_3, \ldots$ が有界でない積分領域 D に限りなく近づくとする．ただし，これらは

$$D_1 \subset D_2 \subset D_3 \subset \cdots \subset D_n \subset D_{n+1} \subset \cdots \subset D$$

を満たし，さらに十分大きな正の整数 N を選べば D の任意の有界な閉領域は D_N に含まれるものとする（図 5.13 参照）．

2 変数関数 $f(x, y)$ は，有界でないこの積分領域 D で連続であるとする．したがって，$D_n \subset D$ $(n = 1, 2, 3, \ldots)$ なので，2 変数関数 $f(x, y)$ はどの有界な閉領域 D_n でも連続になるから，次の重積分 I_n が存在する：

$$I_n = \iint_{D_n} f(x, y)\,dxdy \qquad (n = 1, 2, 3, \ldots).$$

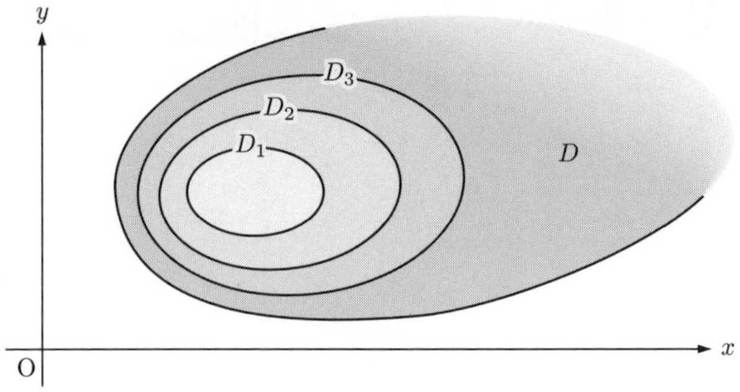

図 5.13

ここで，数列 $I_1, I_2, I_3, \ldots$ がある値 I に収束して，さらに極限値 I が領域 $D_1, D_2, D_3, \ldots$ の選び方によらないと仮定する．つまり，領域 $D_1, D_2, D_3, \ldots$ と同様な性質をもつ別の領域 $D'_1, D'_2, D'_3, \ldots$ に対する重積分 I'_n

$$I'_n = \iint_{D'_n} f(x, y)\,dxdy \qquad (n = 1, 2, 3, \ldots)$$

からなる数列 $I'_1, I'_2, I'_3, \ldots$ も同じ値 I に収束すると仮定する．このとき，$f(x, y)$ は D で**広義積分可能**であるという．また 極限値 I を $f(x, y)$ の D における広義積分といい，

$$\iint_D f(x, y)\,dxdy$$

と表す．すなわち，

$$\iint_D f(x, y)\,dxdy = \lim_{n\to\infty} \iint_{D_n} f(x, y)\,dxdy.$$

極限値 I が領域 $D_1, D_2, D_3, \ldots$ の選び方によって異なってしまうときは広義積分は定義できないことに注意しよう．極限値 I が領域 $D_1, D_2, D_3, \ldots$ の選び方によらなくするためには，積分される2変数関数に条件を付ければよい．例えば，2変数関数 $f(x, y)$ が D のすべての点 (x, y) で $f(x, y) \geqq 0$（あるいは $f(x, y) \leqq 0$）であれば，次の定理で述べられるように広義積分は定義できる:

定理 5.7　xy 平面上の領域 $D, D_1, D_2, D_3, \ldots$ を上で説明した領域とする．2変数関数 $f(x, y)$ は D で連続であり，また D のすべての点 (x, y) で $f(x, y) \geqq 0$ (あるいは $f(x, y) \leqq 0$) であるとする．このとき，

$$I_n = \iint_{D_n} f(x, y)\,dxdy \qquad (n = 1, 2, 3, \ldots)$$

の極限値 I が存在すれば，広義積分は定義できて極限値 I に等しい，すなわち，

$$\iint_D f(x, y)\,dxdy = \lim_{n\to\infty} \iint_{D_n} f(x, y)\,dxdy.$$

証明 領域 $D_1, D_2, D_3, \ldots$ と同様な性質をもつ別の領域 $D'_1, D'_2, D'_3, \ldots$ に対する重積分

$$I'_n = \iint_{D'_n} f(x, y)\, dxdy \qquad (n = 1, 2, 3, \ldots)$$

の極限値を I' とする，すなわち，

$$I' = \lim_{n\to\infty} I'_n.$$

このとき，$I = I'$ を示せばよい．ここで，$f(x, y)$ は D のすべての点 (x, y) で $f(x, y) \geqq 0$ と仮定する．$f(x, y) \leqq 0$ のときは，$-f(x, y)\ (\geqq 0)$ に対して同様な証明を行えばよい．

領域 $D_1, D_2, D_3, \ldots$ に対する仮定と $f(x, y) \geqq 0$ という仮定により，数列 $I_1, I_2, I_3, \ldots$ は単調に増加する数列であることに注意しよう：

$$I_1 \leqq I_2 \leqq I_3 \leqq \cdots \leqq I.$$

同様にして，数列 $I'_1, I'_2, I'_3, \ldots$ も単調に増加する数列である：

$$I'_1 \leqq I'_2 \leqq I'_3 \leqq \cdots \leqq I'.$$

さて，領域 D'_n は D の有界な閉領域なので，領域 $D_1, D_2, D_3, \ldots$ に対する仮定により，十分大きな正の整数 N が存在して $D'_n \subset D_N$．ゆえに $f(x, y) \geqq 0$ と仮定したので，

$$I'_n = \iint_{D'_n} f(x, y)\, dxdy \leqq \iint_{D_N} f(x, y)\, dxdy = I_N \leqq I.$$

したがって，

$$I' = \lim_{n\to\infty} I'_n \leqq I.$$

また，領域 D_n は D の有界な閉領域なので，領域 $D'_1, D'_2, D'_3, \ldots$ に対する仮定により，十分大きな正の整数 M が存在して $D_n \subset D'_M$．ゆえに $f(x, y) \geqq 0$ と仮定したので，

$$I_n = \iint_{D_n} f(x, y)\, dxdy \leqq \iint_{D'_M} f(x, y)\, dxdy = I'_M \leqq I'.$$

したがって，

$$I = \lim_{n\to\infty} I_n \leqq I'.$$

$I' \leqq I$ と $I \leqq I'$ が同時に成り立つので，$I = I'$． ▮

例 5.4 2 変数関数 $z = e^{-x^2-y^2}$ を xy 平面全体 $\mathbb{R}^2$ で重積分して，広義積分

$$I = \iint_{\mathbb{R}^2} e^{-x^2-y^2}\, dxdy$$

の値を求めよう．2 変数関数 $z = e^{-x^2-y^2}$ のグラフは，xz 平面に描いた 1 変数関数 $z = e^{-x^2}$ のグラフを z 軸の周りに 1 回転してできる曲面と一致する．

xy 平面上の次のような有界な閉領域 $D_1, D_2, D_3, \ldots$ を考えよう：

$$D_n = \{(x, y) :\ x^2 + y^2 \leqq n^2\} \qquad (n = 1, 2, 3, \ldots).$$

D_n は，中心が原点で半径が n の円の内部とその境界からなる領域である（図 5.14 参照）．これらの領域は定理 5.7 で述べた条件を満たしていて，また xy 平面の任意の点 (x, y) で $e^{-x^2-y^2} > 0$ であることに注意しよう．ゆえに，重積分

$$I_n = \iint_{D_n} e^{-x^2-y^2}\, dxdy \qquad (n = 1, 2, 3, \ldots)$$

の値の，n を限りなく大きくしたときの極限値が求める値 I に等しい．

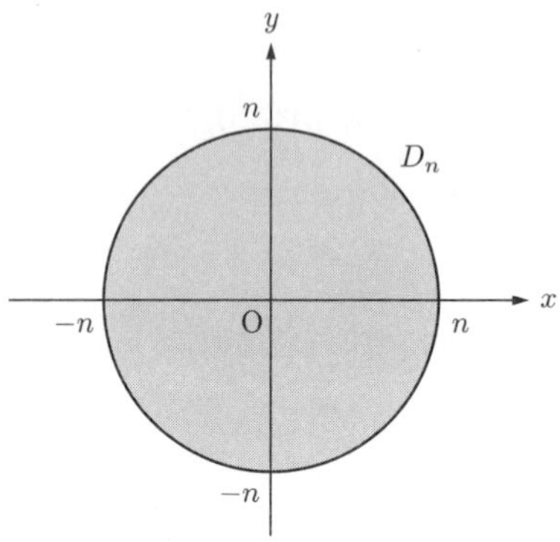

図 5.14

直交座標 x, y から平面極座標 r, θ へ積分変数を変換すれば，

$$I_n = \int_0^n e^{-r^2} r \left\{ \int_0^{2\pi} d\theta \right\} dr = 2\pi \int_0^n e^{-r^2} r\, dr = \pi \left[-e^{-r^2} \right]_{r=0}^{r=n} = \pi \left(1 - e^{-n^2} \right)$$
$$\to \pi \qquad (n \to \infty).$$

だから，$I = \pi$, すなわち，

$$\iint_{\mathbb{R}^2} e^{-x^2-y^2}\, dxdy = \pi.$$

他方，上の領域とは別の，次のような有界な閉領域 $D'_1, D'_2, D'_3, \ldots$ を考えよう：

$$D'_n = \{(x, y) :\ -n \leqq x \leqq n,\ -n \leqq y \leqq n\} \qquad (n = 1, 2, 3, \ldots).$$

D'_n は，中心が原点で 1 辺の長さが $2n$ の正方形の内部とその境界からなる領域である（図 5.15 参照）．これらの領域もまた定理 5.7 で述べた条件を満たしているので，重積分

$$I'_n = \iint_{D'_n} e^{-x^2-y^2}\, dxdy \qquad (n = 1, 2, 3, \ldots)$$

の値の，n を限りなく大きくしたときの極限値も値 $I\,(= \pi)$ に等しい．したがって，

$$I'_n = \int_{-n}^n e^{-y^2} \left\{ \int_{-n}^n e^{-x^2}\, dx \right\} dy = \left(\int_{-n}^n e^{-x^2}\, dx \right)^2 \to \left(\int_{-\infty}^{\infty} e^{-x^2}\, dx \right)^2 \qquad (n \to \infty).$$

だから，

$$\int_{-\infty}^{\infty} e^{-x^2}\, dx = \sqrt{\pi}.$$

積分区間を半分にして 0 以上とすれば，関数 e^{-x^2} は x の偶関数なので，

$$\int_0^\infty e^{-x^2}\,dx = \frac{\sqrt{\pi}}{2}.$$

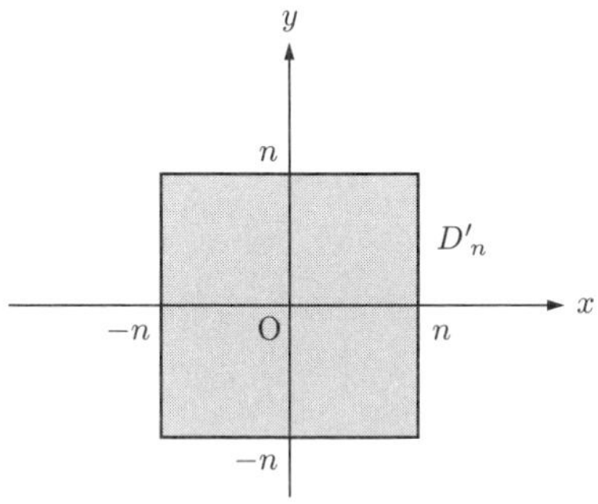

図 **5.15**

5.4.2　積分領域 D は有界，しかし D のある点で連続でないか，あるいは定義されていない場合の広義積分

2 変数関数 $f(x, y)$ は，有界な閉領域 D のある点 (a, b) でのみ連続でないか，あるいは定義されていなく，そして，これ以外の残りのすべての点で連続であるとする．有界な無数の閉領域 D_1, D_2, D_3, ... の各々は領域 D に含まれるが，点 (a, b) を含まず，さらに領域 D に限りなく近づくとする．ただし，これらは

$$D_1 \subset D_2 \subset D_3 \subset \cdots \subset D_n \subset D_{n+1} \subset \cdots \subset D$$

を満たし，さらに十分大きな正の整数 N を選べば，D の任意の有界な，点 (a, b) を含まない閉領域は D_N に含まれるものとする（図 5.16 参照）．

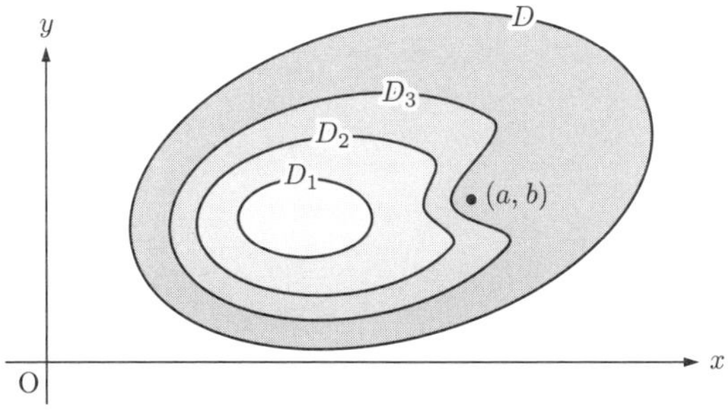

図 **5.16**

2 変数関数 $f(x, y)$ はどの有界な閉領域 D_n でも連続になるから，次の重積分 I_n が存在する:

$$I_n = \iint_{D_n} f(x, y)\, dxdy \qquad (n = 1, 2, 3, \ldots).$$

ここで，数列 $I_1, I_2, I_3, \ldots$ がある値 I に収束して，さらに極限値 I が領域 $D_1, D_2, D_3, \ldots$ の選び方によらないと仮定する．つまり，領域 $D_1, D_2, D_3, \ldots$ と同様な性質をもつ別の領域 $D'_1, D'_2, D'_3, \ldots$ に対する重積分 I'_n

$$I'_n = \iint_{D'_n} f(x, y)\, dxdy \qquad (n = 1, 2, 3, \ldots)$$

からなる数列 $I'_1, I'_2, I'_3, \ldots$ も同じ値 I に収束すると仮定する．このとき，$f(x, y)$ は D で**広義積分可能**であるという．また 極限値 I を $f(x, y)$ の D における広義積分といい，

$$\iint_D f(x, y)\, dxdy$$

と表す．すなわち，

$$\iint_D f(x, y)\, dxdy = \lim_{n\to\infty} \iint_{D_n} f(x, y)\, dxdy.$$

極限値 I が領域 $D_1, D_2, D_3, \ldots$ の選び方によって異なってしまうときは広義積分は定義できないことに注意しよう．極限値 I が領域 $D_1, D_2, D_3, \ldots$ の選び方によらなくするためには，積分される 2 変数関数に条件を付ければよい．例えば，2 変数関数 $f(x, y)$ が，点 (a, b) 以外の D のすべての点 (x, y) で $f(x, y) \geqq 0$（あるいは $f(x, y) \leqq 0$）であれば，次の定理で述べられるように広義積分は定義できる（証明は前の定理と同様なので省略）:

定理 5.8　2 変数関数 $f(x, y)$ は，xy 平面上の有界な閉領域 D のある点 (a, b) でのみ連続でないか，あるいは定義されていなく，そして，これ以外の残りのすべての点で連続であるとする．さらに，2 変数関数 $f(x, y)$ は，点 (a, b) 以外の D のすべての点 (x, y) で $f(x, y) \geqq 0$（あるいは $f(x, y) \leqq 0$）であるとする．また，領域 $D_1, D_2, D_3, \ldots$ を上で説明した領域とする．このとき，

$$I_n = \iint_{D_n} f(x, y)\, dxdy \qquad (n = 1, 2, 3, \ldots)$$

の極限値 I が存在すれば，広義積分は定義できて極限値 I に等しい，すなわち，

$$\iint_D f(x, y)\, dxdy = \lim_{n\to\infty} \iint_{D_n} f(x, y)\, dxdy.$$

例 5.5　有界な閉領域 D

$$D = \{(x, y) :\ x^2 + y^2 \leqq 4\}$$

で 2 変数関数 $z = \dfrac{1}{\sqrt{x^2 + y^2}}$ を重積分して，広義積分

$$I = \iint_D \frac{dxdy}{\sqrt{x^2 + y^2}}$$

の値を求めよう．この 2 変数関数のグラフは，xz 平面に描いた 1 変数関数 $z = 1/x \quad (x > 0)$ のグラフを z 軸の周りに 1 回転してできる曲面と一致する．また，この 2 変数関数は原点 O では定義されず，原点以外の D のすべての点で $1/\sqrt{x^2+y^2} > 0$ であることに注意しよう．

xy 平面上の次のような有界な閉領域 $D_1, D_2, D_3, \ldots$ を考えよう:

$$D_n = \left\{(x,\, y) :\ \frac{1}{n^2} \leqq x^2 + y^2 \leqq 4\right\} \qquad (n = 1,\, 2,\, 3,\, \ldots).$$

点 (x, y) と原点 O の距離が $1/n$ 以上かつ 2 以下となる点の全体が D_n である（図 5.17 参照）．これらの領域は上の定理で述べた条件を満たしている．ゆえに，重積分

$$I_n = \iint_{D_n} \frac{dxdy}{\sqrt{x^2+y^2}} \qquad (n = 1,\, 2,\, 3,\, \ldots)$$

の値の，n を限りなく大きくしたときの極限値が求める値 I に等しい．

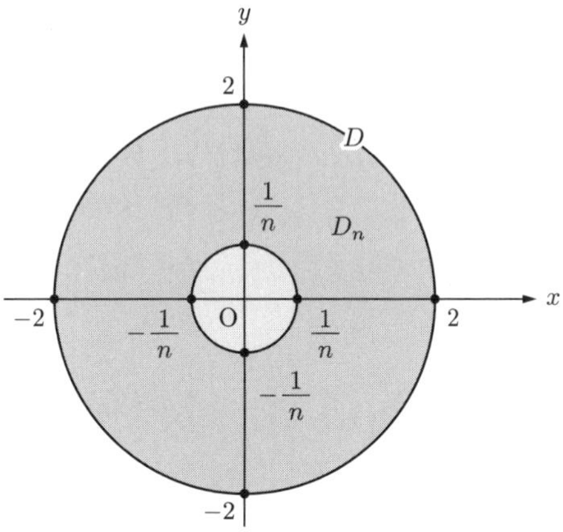

図 5.17

直交座標 x, y から平面極座標 r, θ へ積分変数を変換すれば，

$$I_n = \int_{1/n}^{2} \frac{1}{r}\, r \left\{\int_0^{2\pi} d\theta\right\} dr = 2\pi \int_{1/n}^{2} dr = 2\pi\left(2 - \frac{1}{n}\right) \to 4\pi \qquad (n \to \infty).$$

したがって

$$\iint_D \frac{dxdy}{\sqrt{x^2+y^2}} = 4\pi.$$

5.5 3 重積分

xyz 空間の領域 V を有界な閉領域とする．この節では，V の上で定義された x, y, z の 3 変数関数 $f(x, y, z)$ を V の上で x, y, z の 3 つについて同時に定積分することを学ぶ．このような定積分を **3 重積分** (triple integral) という．

5.5.1　3重積分の定義と性質

n を正の整数とする．xyz 空間の有界な閉領域 V を n 個に分けて得られる微小な小領域を V_1, $V_2, \ldots, V_n$ とし，それらの体積をそれぞれ $m(V_1), m(V_2), \ldots, m(V_n)$ とおく．図 5.18 参照．

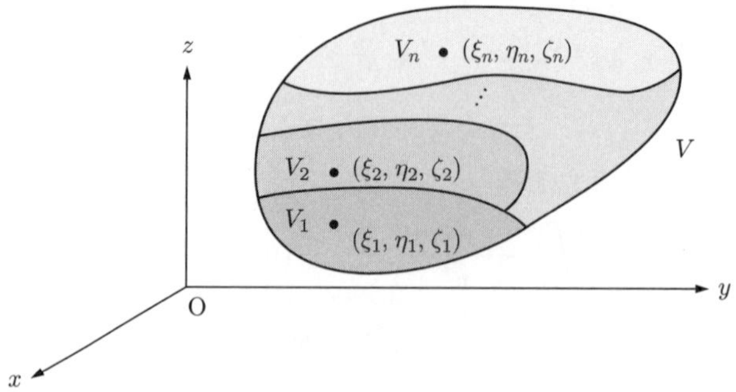

図 5.18

次に，各々の小領域から点を1つずつ選び，小領域 $V_1, V_2, \ldots, V_n$ から選んだ点の座標をそれぞれ $(\xi_1, \eta_1, \zeta_1), (\xi_2, \eta_2, \zeta_2), \ldots, (\xi_n, \eta_n, \zeta_n)$ とおく．これらの点における3変数関数 $f(x, y, z)$ の値はそれぞれ $f(\xi_1, \eta_1, \zeta_1), f(\xi_2, \eta_2, \zeta_2), \ldots, f(\xi_n, \eta_n, \zeta_n)$ となる．

続いて，次のような和を考える:

$$S_n = \sum_{k=1}^{n} f(\xi_k, \eta_k, \zeta_k)\, m(V_k)\,.$$

有界な閉領域 V を1個に分ければ値 S_1 が得られ，2個に分ければ値 S_2 が得られ，そして3個に分ければ値 S_3 が得られる．このようにして，数列 $S_1, S_2, S_3, \ldots$ が得られる．

最後に n を限りなく大きくして領域 V を限りなく多数の小領域に分ける．このとき，それぞれの小領域は各々の1点に収縮するように領域 V を限りなく細かく分ける．このように n を限りなく大きくしたとき，数列 $S_1, S_2, S_3, \ldots$ がある値 S に収束したとしよう．

この極限値 S は，(1) 小領域 $V_1, V_2, \ldots, V_n$ からそれぞれ選ばれた点 $(\xi_1, \eta_1, \zeta_1), (\xi_2, \eta_2, \zeta_2), \ldots, (\xi_n, \eta_n, \zeta_n)$ の選び方によらないものとする．さらに，S は (2) 領域 V の小領域 $V_1, V_2, \ldots, V_n$ への分け方にもよらないものとする，つまり，領域 V を小領域 $V_1, V_2, \ldots$ へ等しく分けてもそうでなくても，S の値は変わらないものとする．これら (1) と (2) の2つの条件は，3変数関数 $f(x, y, z)$ が有界な閉領域 V で連続であれば満たされる（すぐ下の定理を参照）．

これら (1) と (2) の2つの条件が満たされるとき，3変数関数 $f(x, y, z)$ は領域 V で**3重積分可能**であるという．そして，極限値 S を3変数関数 $f(x, y, z)$ の領域 V における**3重積分**と呼び，次のように表す:

$$S = \iiint_V f(x, y, z)\, dxdydz.$$

定理 5.9　3 変数関数 $f(x, y, z)$ が有界な閉領域 V で連続であれば，V で 3 重積分可能である．

この定理の証明は省略する．上で述べた 3 重積分の定義から，直ちに次の定理を得る．

定理 5.10　3 変数関数 $f(x, y, z)$ と $g(x, y, z)$ は有界な閉領域 V で連続であるとする．

(1)　c を定数とするとき，$\displaystyle\iiint_V c\,f(x, y, z)\,dxdydz = c\iiint_V f(x, y, z)\,dxdydz.$

(2)
$$\iiint_V \{f(x, y, z) + g(x, y, z)\}\,dxdydz = \iiint_V f(x, y, z)\,dxdydz + \iiint_V g(x, y, z)\,dxdydz.$$

(3)　V が有界な閉領域 V_1 と有界な閉領域 V_2 に分けられ，V_1 と V_2 の交わりの体積が 0 であれば，
$$\iiint_V f(x, y, z)\,dxdydz = \iiint_{V_1} f(x, y, z)\,dxdydz + \iiint_{V_2} f(x, y, z)\,dxdydz.$$

(4)
$$\left|\iiint_V f(x, y, z)\,dxdydz\right| \leqq \iiint_V |f(x, y, z)|\,dxdydz.$$

また，V のすべての点で $f(x, y, z) \geqq 0$ であれば，$\displaystyle\iiint_V f(x, y, z)\,dxdydz \geqq 0.$

5.5.2　3 重積分における球面極座標への変数変換と累次積分

3 変数関数 $f(x, y, z)$ によっては積分変数 x, y, z についての 3 重積分が困難であったり，あるいは不可能であったりすることがある．このようなときは積分変数を他の積分変数へ変換すれば 3 重積分を容易に計算できることがある．そこでこの節では，積分変数を直交座標 x, y, z から**球面極座標** (spherical polar coordinates) r, θ, ϕ という新たな積分変数へ変換して 3 重積分を実行しよう（図 5.19 参照）．

直交座標 x, y, z と球面極座標 r, θ, ϕ の間には，
$$x = r\sin\theta\cos\phi, \quad y = r\sin\theta\sin\phi, \quad z = r\cos\theta$$
という関係式があることが 図 5.19 からわかる．ここで，$r \geqq 0,\ 0 \leqq \theta \leqq \pi,\ 0 \leqq \phi \leqq 2\pi$ であることに，また $0 \leqq \theta \leqq 2\pi$ ではないことにも注意しよう．

直交座標 x, y, z から球面極座標 r, θ, ϕ への変数変換を行えば，5.3 節と同様にして，この変数変換に伴う**ヤコビアン** $J(r, \theta, \phi)$ $\left(\text{または，}\dfrac{\partial(x, y, z)}{\partial(r, \theta, \phi)}\right)$ が現れる：
$$\frac{\partial(x, y, z)}{\partial(r, \theta, \phi)} = \det\begin{pmatrix} \dfrac{\partial x}{\partial r} & \dfrac{\partial x}{\partial \theta} & \dfrac{\partial x}{\partial \phi} \\ \dfrac{\partial y}{\partial r} & \dfrac{\partial y}{\partial \theta} & \dfrac{\partial y}{\partial \phi} \\ \dfrac{\partial z}{\partial r} & \dfrac{\partial z}{\partial \theta} & \dfrac{\partial z}{\partial \phi} \end{pmatrix}$$

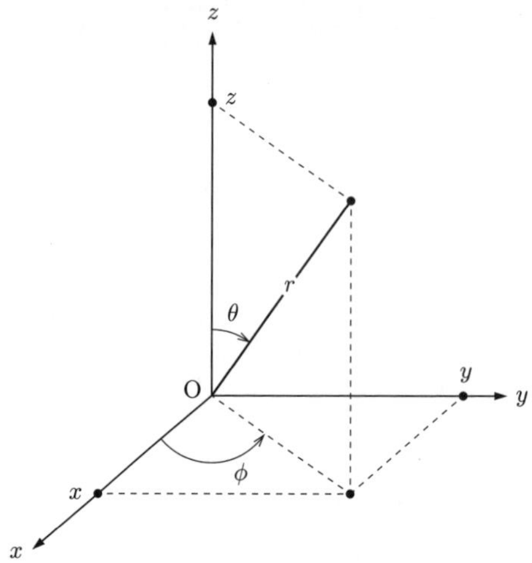

図 5.19

$$= \det \begin{pmatrix} \sin\theta\cos\phi & r\cos\theta\cos\phi & -r\sin\theta\sin\phi \\ \sin\theta\sin\phi & r\cos\theta\sin\phi & r\sin\theta\cos\phi \\ \cos\theta & -r\sin\theta & 0 \end{pmatrix}$$

となるので

$$\frac{\partial(x,\, y,\, z)}{\partial(r,\, \theta,\, \phi)} = r^2 \sin\theta.$$

さて，直交座標 $x,\, y,\, z$ から球面極座標 $r,\, \theta,\, \phi$ へ変数変換を行ったとき，xyz 空間の領域 V が $r\theta\phi$ 空間の領域 E に 1 対 1 に写されるとし，また，この変数変換に伴うヤコビアンの絶対値を

$$\left| \frac{\partial(x,\, y,\, z)}{\partial(r,\, \theta,\, \phi)} \right|$$

とする．このとき，3 重積分は次のようになる:

$$\begin{aligned} &\iiint_V f(x,\, y,\, z)\, dxdydz \\ &= \iiint_E f\left(r\sin\theta\cos\phi,\, r\sin\theta\sin\phi,\, r\cos\theta\right) \left| \frac{\partial(x,\, y,\, z)}{\partial(r,\, \theta,\, \phi)} \right| drd\theta d\phi \\ &= \iiint_E f\left(r\sin\theta\cos\phi,\, r\sin\theta\sin\phi,\, r\cos\theta\right) r^2 \sin\theta\, drd\theta d\phi. \end{aligned}$$

3 重積分の累次積分については，定理 5.3，5.4 と同様に次のような定理が成り立つ．

定理 5.11　関数 $f(x,\, y,\, z)$ が領域 $D = \{(x,\, y,\, z) :\ a_1 \leqq x \leqq a_2,\ b_1 \leqq y \leqq b_2,\, c_1 \leqq z \leqq c_2\}$ で連続ならば

$$\iiint_D f(x,\, y,\, z)\, dxdydz = \int_{a_1}^{a_2} \left\{ \int_{b_1}^{b_2} \left\{ \int_{c_1}^{c_2} f(x,\, y,\, z)\, dz \right\} dy \right\} dx.$$

定理 5.12　関数 $f(x, y, z)$ が領域 $V = \{(x, y, z) : a_1 \leqq x \leqq a_2, \phi_1(x) \leqq y \leqq \phi_2(x), \psi_1(x, y) \leqq z \leqq \psi_2(x, y)\}$ で連続ならば

$$\iiint_V f(x, y, z)\,dxdydz = \int_{a_1}^{a_2} \left\{ \int_{\phi_1(x)}^{\phi_2(x)} \left\{ \int_{\psi_1(x,y)}^{\psi_2(x,y)} f(x, y, z)\,dz \right\} dy \right\} dx.$$

例題 5.3　例 5.3 では，半径 a の球の体積を重積分を行って求めたが，ここでは 3 重積分を行うことによって，半径 a の球の体積を求めよ．

解答　図 5.20 のように，球の中心を原点に一致させる．3 重積分の定義により，半径 a の球の内部とその球面からなる領域 V のどの点 (x, y, z) においても $f(x, y, z) = 1$ で定義される定数関数を V で 3 重積分を行うと，体積を得ることに注意しよう．したがって

$$\text{球の体積} = \iiint_V dxdydz.$$

直交座標 x, y, z から球面極座標 r, θ, ϕ へ変数変換を行って，

$$\text{球の体積} = \iiint_E r^2 \sin\theta\,drd\theta d\phi.$$

ここで，領域 E は $r\theta\phi$ 空間における直方体であり（図 5.21 参照），変数変換によって，xyz 空間の領域 V が $r\theta\phi$ 空間の領域 E に写されている．ゆえに

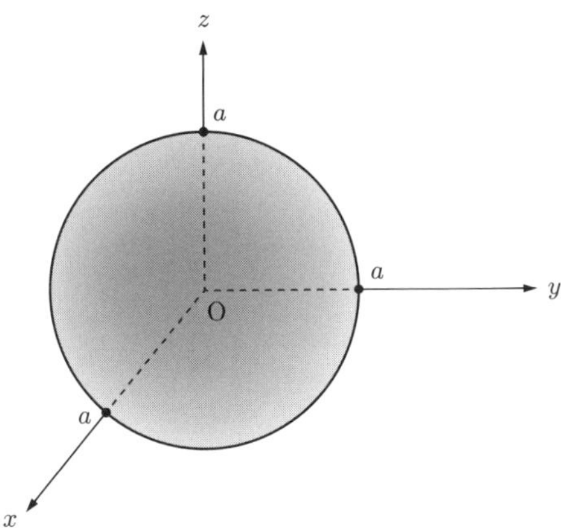

図 5.20

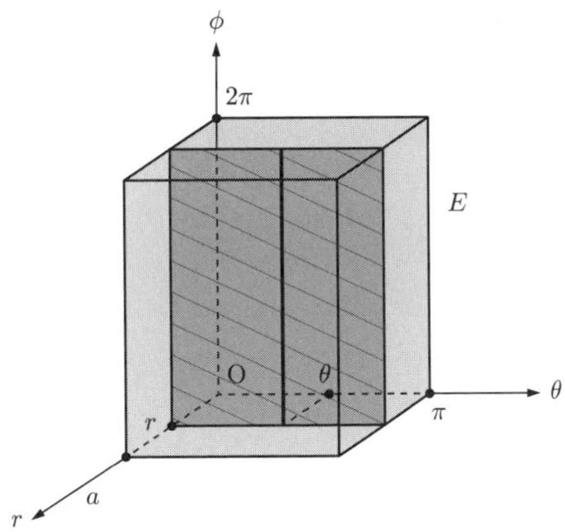

図 5.21

$$\text{球の体積} = \int_0^a r^2 \left\{ \int_0^\pi \sin\theta \left(\int_0^{2\pi} d\phi \right) d\theta \right\} dr = 2\pi \int_0^a r^2 \left\{ \int_0^\pi \sin\theta\,d\theta \right\} dr$$
$$= 2\pi \int_0^a r^2 \left[-\cos\theta \right]_{\theta=0}^{\theta=\pi} dr = 4\pi \int_0^a r^2\,dr = \frac{4\pi a^3}{3}.$$

このようにして，以前と同じ結果を得た．

上の計算では，最初に変数 ϕ について，次に変数 θ について，最後に変数 r についての累次積分を行った．累次積分を行うには，まず最後の変数 r に着目する．この変数 r から見て，領域 E が $r=0$ から $r=a$ まで広がっているので，変数 r についての積分は $r=0$ から $r=a$ まで行う（図5.21参照）．次に変数 θ に着目して，変数 θ について積分するときは，$r=0$ から $r=a$ まで動く途中の任意の r の値を選び，この値で r 軸と直角に交わる平面と領域 E との交わりとなる平面を考える（図5.21の斜線部分）．この斜線部分の平面が変数 θ から見て，$\theta=0$ から $\theta=\pi$ まで広がっているので，変数 θ についての積分は $\theta=0$ から $\theta=\pi$ まで行う．続いて変数 ϕ に着目して，変数 ϕ について積分するときは，$\theta=0$ から $\theta=\pi$ まで動く途中の任意の θ の値を選び，この値で θ 軸と直角に交わる平面と上の斜線部分の平面との交わりとなる線分を考える（図5.21の線分）．この線分が変数 ϕ から見て，$\phi=0$ から $\phi=2\pi$ まで広がっているので，変数 ϕ についての積分は $\phi=0$ から $\phi=2\pi$ まで行う．このようにして，最初に変数 ϕ について，次に変数 θ について，最後に変数 r についての累次積分を行った．

5.5.3　3重積分における円柱座標への変数変換

次にこの節では，積分変数を直交座標 x, y, z から**円柱座標** (cylindrical coordinates) r, θ, z という新たな積分変数へ変換して重積分を実行しよう（図5.22参照）．

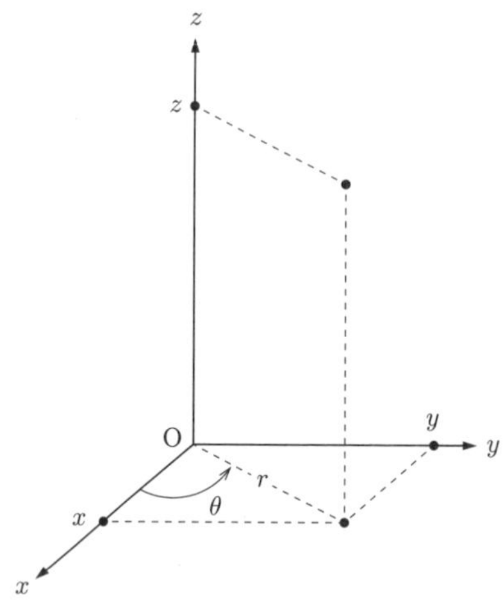

図5.22

直交座標 x, y, z と円柱座標 r, θ, z の間には，

$$x = r\cos\theta, \quad y = r\sin\theta, \quad z = z$$

という関係式があることが 図5.22からわかる．ここで，$r \geqq 0,\ 0 \leqq \theta \leqq 2\pi$ であることに，また球面極座標とは異なって $0 \leqq \theta \leqq \pi$ でないことにも注意しよう．

直交座標 x, y, z から円柱座標 r, θ, z への変数変換を行えば，同様にして，この変数変換に伴うヤ

コビアン $J(r,\theta,z)$ $\left(\text{または,}\ \dfrac{\partial(x,y,z)}{\partial(r,\theta,z)}\right)$ が現れる:

$$\frac{\partial(x,y,z)}{\partial(r,\theta,z)} = \det\begin{pmatrix} \dfrac{\partial x}{\partial r} & \dfrac{\partial x}{\partial \theta} & \dfrac{\partial x}{\partial z} \\ \dfrac{\partial y}{\partial r} & \dfrac{\partial y}{\partial \theta} & \dfrac{\partial y}{\partial z} \\ \dfrac{\partial z}{\partial r} & \dfrac{\partial z}{\partial \theta} & \dfrac{\partial z}{\partial z} \end{pmatrix}$$

$$= \det\begin{pmatrix} \cos\theta & -r\sin\theta & 0 \\ \sin\theta & r\cos\theta & 0 \\ 0 & 0 & 1 \end{pmatrix}$$

$$= r\,.$$

直交座標 $x,\,y,\,z$ から円柱座標 $r,\,\theta,\,z$ へ変数変換を行ったとき，xyz 空間の領域 V が $r\theta z$ 空間の領域 E に 1 対 1 に写されるとし，また，この変数変換に伴うヤコビアンの絶対値を

$$\left|\frac{\partial(x,y,z)}{\partial(r,\theta,z)}\right|$$

とすれば, 3 重積分は次のようになる:

$$\begin{aligned}&\iiint_V f(x,y,z)\,dxdydz \\ &= \iiint_E f(r\cos\theta,\,r\sin\theta,\,z)\left|\frac{\partial(x,y,z)}{\partial(r,\theta,z)}\right| drd\theta dz \\ &= \iiint_E f(r\cos\theta,\,r\sin\theta,\,z)\,r\,drd\theta dz.\end{aligned}$$

章末問題

5.1　領域 D を $D=\{(x,y):\ x\geqq 0,\ y\geqq 0,\ 2x+y\leqq 4\}$ とする．

(1)　領域 D を図示して，2重積分 $\displaystyle\iint_D dxdy$ の値を求めよ．

(2)　2重積分 $\displaystyle\iint_D (x+y)\,dxdy$ の値を求めよ．

解答　(1)　領域 D は図5.23を参照．先に変数 y, 次に変数 x という順番で累次積分を行う．

$$\iint_D dxdy=\int_0^2\left\{\int_0^{-2x+4}dy\right\}dx=\int_0^2\left\{\Big[y\Big]_{y=0}^{y=-2x+4}\right\}dx=\int_0^2(-2x+4)\,dx$$
$$=\Big[-x^2+4x\Big]_{x=0}^{x=2}=4.$$

この値4は領域 D の面積と等しい．一般的に言って，1という定数の2変数関数をある領域 D' で重積分すれば，この重積分の値 $\displaystyle\iint_{D'} dxdy$ は領域 D' の面積に等しいことに注意しよう．

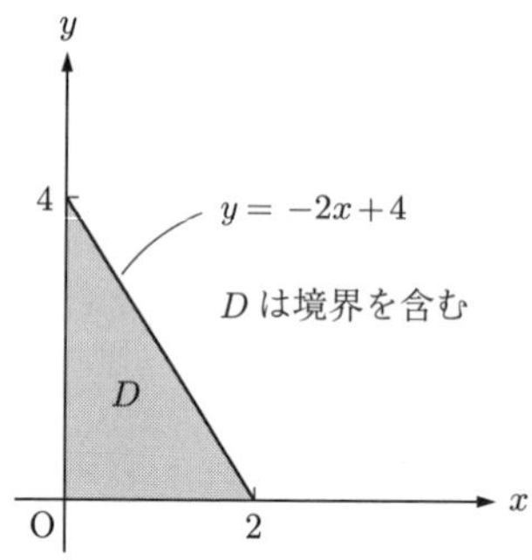

図5.23

別解　今度は逆に，先に変数 x, 次に変数 y という順番で累次積分を行って，同じ値になることを確認しよう．

$$\iint_D dxdy=\int_0^4\left\{\int_0^{-\frac{y}{2}+2}dx\right\}dy=\int_0^4\left\{\Big[x\Big]_{x=0}^{x=-\frac{y}{2}+2}\right\}dy=\int_0^4\left(-\frac{y}{2}+2\right)dy$$
$$=\left[-\frac{y^2}{4}+2y\right]_{y=0}^{y=4}=4.$$

(2)　先に変数 y, 次に変数 x という順番で累次積分を行う．

$$\iint_D(x+y)\,dxdy=\int_0^2\left\{\int_0^{-2x+4}(x+y)\,dy\right\}dx=\int_0^2\left\{\left[xy+\frac{y^2}{2}\right]_{y=0}^{y=-2x+4}\right\}dx$$
$$=\int_0^2(-4x+8)\,dx=\Big[-2x^2+8x\Big]_{x=0}^{x=2}=8.$$

別解　今度は逆に，先に変数 x, 次に変数 y という順番で累次積分を行って，同じ値になることを確認しよう．

$$\iint_D (x+y)\,dxdy = \int_0^4 \left\{ \int_0^{-\frac{y}{2}+2} (x+y)\,dx \right\} dy = \int_0^4 \left\{ \left[\frac{x^2}{2} + xy \right]_{x=0}^{x=-\frac{y}{2}+2} \right\} dy$$

$$= \frac{1}{8} \int_0^4 (-3y^2+8y+16)\,dy = \frac{1}{8} \left[-y^3+4y^2+16y \right]_{y=0}^{y=4} = 8.$$

5.2　xyz 空間において，円柱 $x^2+y^2=1$ と 2 つの平面 $z=x$, $z=0$ とで囲まれた部分のうちで，$z \geqq 0$ の部分を図示せよ．次に，この部分の体積を求めよ．

解答　$z \geqq 0$ の部分は図 5.24 を参照．領域 D を $D=\{(x,\,y):\ x \geqq 0,\, x^2+y^2 \leqq 1\}$ とすれば，この部分の体積は次式で与えられる．

$$\iint_D x\,dxdy.$$

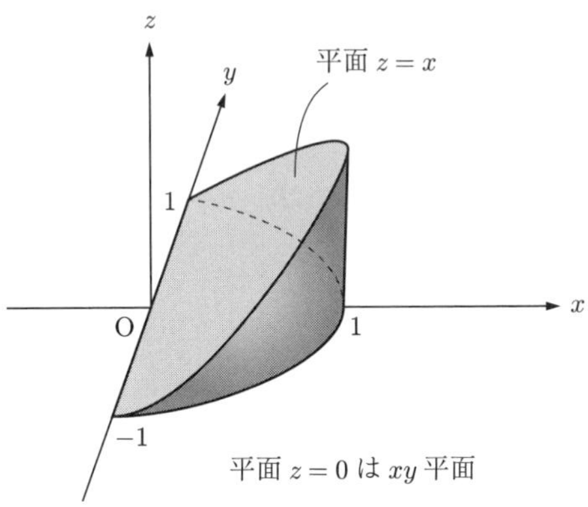

図 5.24

先に変数 y, 次に変数 x という順番で累次積分を行う．

$$\iint_D x\,dxdy = \int_0^1 x \left\{ \int_{-\sqrt{1-x^2}}^{\sqrt{1-x^2}} dy \right\} dx = 2\int_0^1 x\sqrt{1-x^2}\,dx$$

$$= -\frac{2}{3} \left[(1-x^2)^{3/2} \right]_{x=0}^{x=1} = \frac{2}{3}.$$

上の積分において，$t=\sqrt{1-x^2}$ とおいて置換積分を行っても同じ値を得る．

別解 1　今度は逆に，先に変数 x, 次に変数 y という順番で累次積分を行って，同じ値になることを確認しよう．

$$\iint_D x\,dxdy = \int_{-1}^1 \left\{ \int_0^{\sqrt{1-y^2}} x\,dx \right\} dy = \int_{-1}^1 \left\{ \left[\frac{x^2}{2} \right]_{x=0}^{x=\sqrt{1-y^2}} \right\} dy$$

$$= \frac{1}{2} \int_{-1}^1 (1-y^2)\,dy = \frac{2}{2} \int_0^1 (1-y^2)\,dy = \left[y - \frac{y^3}{3} \right]_{y=0}^{y=1} = \frac{2}{3}.$$

別解 2 続いて今度は，平面極座標 $x = r\cos\theta$, $y = r\sin\theta$ へ変数変換を行って，再び同じ値になることを確認しよう．

$$\iint_D x\,dxdy = \iint_E r\cos\theta\, r\,drd\theta.$$

ここで，領域 E は $E = \left\{(r,\,\theta):\ 0 \leqq r \leqq 1,\ -\dfrac{\pi}{2} \leqq \theta \leqq -\dfrac{\pi}{2}\right\}$（図 5.25 参照）．

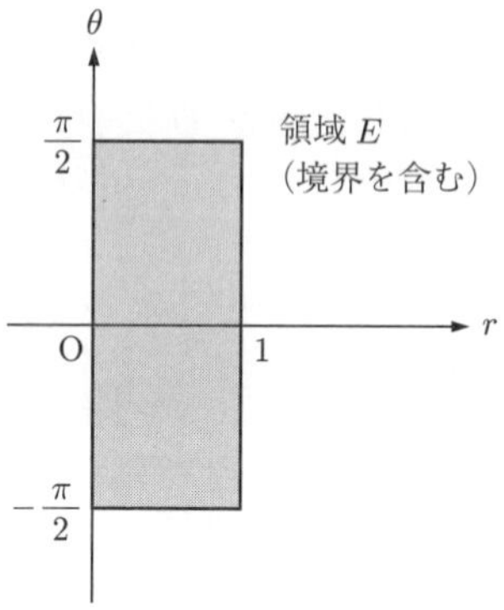

図 5.25

先に変数 r, 次に変数 θ という順番で累次積分を行えば，

$$\begin{aligned}\iint_E r\cos\theta\, r\,drd\theta &= \int_{-\pi/2}^{\pi/2} \cos\theta \left\{\int_0^1 r^2\,dr\right\} d\theta = \int_{-\pi/2}^{\pi/2} \cos\theta \left\{\left[\frac{r^3}{3}\right]_{r=0}^{r=1}\right\} d\theta \\ &= \frac{1}{3}\int_{-\pi/2}^{\pi/2} \cos\theta\,d\theta = \frac{2}{3}\int_0^{\pi/2} \cos\theta\,d\theta = \frac{2}{3}\Big[\sin\theta\Big]_{\theta=0}^{\theta=\pi/2} = \frac{2}{3}.\end{aligned}$$

5.3 すぐ上の別解 2 において，今度は逆に，先に変数 θ, 次に変数 r という順番で累次積分を行っても，同じ値 $2/3$ を得ることを示せ．

解答 先に変数 θ, 次に変数 r という順番で累次積分を行えば，

$$\begin{aligned}\iint_E r\cos\theta\, r\,drd\theta &= \int_0^1 r^2 \left\{\int_{-\pi/2}^{\pi/2} \cos\theta\,d\theta\right\} dr = 2\int_0^1 r^2 \left\{\int_0^{\pi/2} \cos\theta\,d\theta\right\} dr \\ &= 2\int_0^1 r^2 \left\{\Big[\sin\theta\Big]_{\theta=0}^{\theta=\pi/2}\right\} dr = 2\int_0^1 r^2\,dr = 2\left[\frac{r^3}{3}\right]_{r=0}^{r=1} = \frac{2}{3}.\end{aligned}$$

5.4 xyz 空間において，円柱 $y^2 + z^2 \leqq 1$ と円柱 $x^2 + z^2 \leqq 1$ の共通部分のうちで，$x \geqq 0$ かつ $y \geqq 0$ かつ $z \geqq 0$ の部分を図示せよ．次に，この部分の体積を求めよ．

解答 求める部分は図 5.26 を参照．領域 D を $D = \{(x,\,y):\ 0 \leqq x \leqq 1,\ 0 \leqq y \leqq 1,\ x \geqq y\}$ とする（図 5.27 参照）．求める部分の体積 V は 2 変数関数 $z = \sqrt{1 - x^2}$ を領域 D で 2 重積分した値の

2 倍に等しいので，

$$V = 2 \iint_D \sqrt{1-x^2}\, dxdy.$$

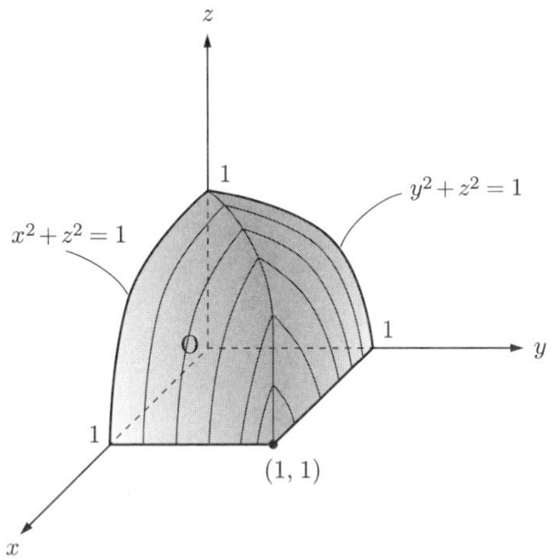

図 5.26

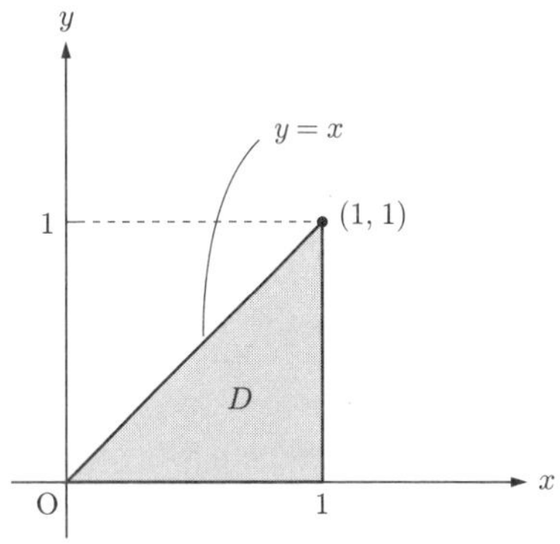

図 5.27

先に変数 y, 次に変数 x という順番で累次積分を行えば，

$$\begin{aligned} V &= 2\int_0^1 \sqrt{1-x^2}\left\{\int_0^x dy\right\} dx = 2\int_0^1 \sqrt{1-x^2}\ \left\{\Big[y\Big]_{y=0}^{y=x}\right\} dx = 2\int_0^1 x\sqrt{1-x^2}\, dx \\ &= \left[-\frac{2}{3}\left(1-x^2\right)^{3/2}\right]_{x=0}^{x=1} = \frac{2}{3}. \end{aligned}$$

▮

索　引

や

ら

わ

微分積分学入門

2023 年 3 月 30 日　第 1 版　第 1 刷　発行
2024 年 3 月 30 日　第 1 版　第 2 刷　発行
2025 年 3 月 20 日　第 2 版　第 1 刷　発行

著　者　植松 盛夫　黒田　覚
　　　　渡辺 秀司　渡辺 雅之
発 行 者　発田　和子
発 行 所　株式会社　学術図書出版社
〒113−0033　東京都文京区本郷 5 丁目 4 の 6
TEL 03−3811−0889　振替　00110−4−28454
印刷　三松堂（株）

定価は表紙に表示してあります．

ISBN978−4−7806−1280−6　C3041